HUODIANCHANG ZUOYE
WEIXIANDIAN FENXI JI YUKONG

火电厂作业
危险点分析及预控

通用分册

华能玉环电厂 编

内 容 提 要

为进一步提高火电厂的安全管理水平和员工的安全作业水平，华能玉环电厂组织编写了《火电厂作业危险点分析及预控》丛书，分为通用、锅炉、汽轮机、电气、燃料、热控、化学、环保等8个分册。

本书为通用分册，共收录典型作业52项。书中对每项作业的步骤进行分解，详细分析每个步骤的危险因素以及可能导致的后果，从发生事故的可能性、暴露于风险环境的频繁程度、发生事故产生的后果三个方面进行量化，评判出风险等级，在此基础上给出相应的控制措施。

本书内容来源于生产实际，具有较强的针对性、实用性和操作性，可用于指导现场作业的危险点分析、工作票编制、安全交底等工作，适合火电厂从事安全、运行、维护、检修等工作的管理、技术人员阅读使用。

图书在版编目(CIP)数据

火电厂作业危险点分析及预控. 通用分册/华能玉环电厂编. —北京：中国电力出版社，2016.6（2021.3重印）

ISBN 978-7-5123-8249-7

Ⅰ.①火… Ⅱ.①华… Ⅲ.①火电厂-安全管理 Ⅳ.①TM621.9

中国版本图书馆CIP数据核字(2016)第119607号

中国电力出版社出版、发行　　北京雁林吉兆印刷有限公司印刷　　各地新华书店经售

（北京市东城区北京站西街19号　100005　http://www.cepp.sgcc.com.cn）

2016年6月第一版　　2021年3月北京第三次印刷　　印数3001—4000册

880毫米×1230毫米　横32开本　8印张　　228千字　　定价**26.00**元

《火电厂作业危险点分析及预控》
编　委　会

前 言

为进一步推进和完善安全、健康、环境管理机制的形成，实现“零事故、零伤害、零污染”的目标，不断提升和转变员工的风险控制意识，华能玉环电厂按照本质安全型企业创建工作的安排，从运行操作、检修作业、巡回检查等方面组织开展作业危险点分析工作，对电厂典型作业进行安全、职业健康和环境等因素的分析，挖掘每一项作业潜在的危害因素，采取风险控制措施，消除或最大限度地减少事故的发生概率，预防事故发生。经过管理、技术、安全和操作人员的共同努力，华能玉环电厂共完成作业危险点分析717项，涵盖了火电厂生产的各个环节，并已在全厂全面推行，有效地提高了作业现场安全管理技能和管理水平，丰富了管理手段和方法，转变了员工安全行为，为建设“安全、高效、环保”国际一流电力企业提供了有力的支撑。

针对目前发电企业生产事故时有发生的情况，华能玉环电厂组织安监、设备管理、运行和检修技术人员，对作业危险点分析工作进行重新整理、分类，编写了这套《火电厂作业危险点分析及预控》丛书，分为通用、锅炉、汽轮机、电气、燃料、热控、化学、环保等8个分册。本书为通用分册，共收录典型作业52项。编写人员对每项作业的步骤进行分解，详细分析每个步骤的危险因素以及可能导致的后果，从发生事故的可能性、暴露于风险环境的频繁程度、发生事故产生的后果三个方面进行量化，评判出风险等级，在此基础上给出相应的控制措施。

本书的内容均来源于生产实际，具有较强的针对性、实用性和操作性，可用于指导现场作业危险点分析、工作票编制、安全交底等工作，确保危险点分析全面、控制措施得当，提高一线员工的安全作业水平，提升火电企业的整体安全管理水平。

由于编者水平有限，书中难免有疏漏或不足之处，敬请广大专家和读者不吝指正。

编　者

2016 年 4 月

风险等级划分表

序号	发生事故的可能性（L）		暴露于风险环境的频繁程度（E）		发生事故产生的后果（C）	
	可能性	分值	频繁程度	分值	产生的后果	分值
1	完全可以预料（1次/周）	10	连续暴露（>2次/天）	10	10人以上死亡，特大设备事故	100
2	相当可能（1次/6个月）	6	每天工作时间内暴露（1次/天）	6	2～9人死亡，重大设备事故	40
3	可能，但不经常（1次/3年）	3	每周一次，或偶然暴露	3	1人死亡，一般设备事故	15
4	可能性小，完全意外（1次/10年）	1	每月一次暴露	2	伤残（105个损工日以上），一类障碍	7
5	很不可能（1次/20年）	0.5	每年几次暴露	1	重伤（损工事件LWC），二类障碍	3
6	极不可能（1次/大于20年）	0.2	非常罕见地暴露（<1次/年）	0.5	轻伤（医疗事件MTC、限工事件RWC），设备异常	1
7	实际上不可能	0.1				

总风险值（D）$= L \times E \times C$（最大D值为10000，最小D值为0.05）

D值	风险程度	风险等级
$D>320$	重大风险，禁止作业	5
$160<D\leqslant 320$	高度风险，不能继续作业，制定管理方案及应急预案	4
$70<D\leqslant 160$	显著风险，需要整改，编制管理方案	3
$20<D\leqslant 70$	一般风险，需要注意	2
$D\leqslant 20$	稍有风险，可以接受	1

目 录

1 保温作业

主要作业风险： （1）灼烫； （2）人身伤害； （3）设备事故	控制措施： （1）佩戴劳动保护用品； （2）加强培训，做好危险源分析与安全防范措施落实； （3）不损坏临近的仪表管、变送器等附属设施

编号	作业步骤	危害因素	可能导致的后果	风险评价					控制措施
				L	*E*	*C*	*D*	风险程度	
一	检修前准备								
1	工器具	（1）电动工具、螺丝刀、铁皮剪使用不当； （2）电动工器具没检测； （3）临时用电接线方式不符合要求； （4）电源负荷过载	（1）触电； （2）人身伤害	3	3	3	27	2	（1）加强培训，正确使用工器具； （2）定期检测，标识清晰； （3）选择合适的操作器具； （4）检查所用工具必须完好； （5）检查电源； （6）验电； （7）使用紧急救护法
2	布置场地	（1）通道不平； （2）光线不足； （3）检修场地铺垫不充分； （4）作业区域无安全围栏	人机工程危害	3	2	7	42	2	（1）维护厂区道路平整； （2）照明充足； （3）定置作业； （4）设置安全警示围栏及警告牌
3	安全交底	（1）扩大作业范围； （2）误碰运行设备；	（1）人身伤害； （2）设备故障	1	6	15	90	3	（1）加强培训，做好危险源分析与安全防范措施交底；

续表

编号	作业步骤	危害因素	可能导致的后果	风险评价					控制措施
				L	*E*	*C*	*D*	风险程度	
3	安全交底	（3）辨识危险源不详尽	（1）人身伤害； （2）设备故障	1	6	15	90	3	（2）加大成品保护意识，提高安全作业技能； （3）现场监护人不许担任其他工作； （4）作业人员应被告知作业现场和工作岗位存在的危险、危害因素、防范措施及事故应急措施
4	穿戴劳动防护用品	（1）过期使用； （2）配置不全	人身伤害	3	2	15	90	3	（1）定检、更换； （2）着装整齐，安全帽、安全带佩戴规范； （3）夏季及时饮水
5	材料运输	（1）无证操作； （2）姿势不正确； （3）车速过快； （4）道路颠簸倾翻； （5）货物装载没捆绑； （6）现场堆放无定置点； （7）行驶不遵守厂内交通标志	车辆伤害	3	6	7	126	3	（1）持证上岗； （2）保持正确驾驶姿势； （3）严格遵守厂区交通限速标志； （4）慢速行驶，捆绑牢固； （5）材料定置堆放； （6）执行司机安全操作规定； （7）材料、废料分类摆放
二	作业过程								
1	开具工作票	（1）成员代签名； （2）现场没带票；	无票作业	6	3	3	54	2	（1）本人签名，接受交底； （2）严格执行工作票制度；

续表

编号	作业步骤	危害因素	可能导致的后果	风险评价					控制措施
				L	E	C	D	风险程度	
1	开具工作票	(3) 安全交底不完全； (4) 工作票超期； (5) 票面胡乱涂改	无票作业	6	3	3	54	2	(3) 认真做好危险源辨识和落实防范措施； (4) 严控习惯性违章
2	登高作业	(1) 临时用铁桶或凳子代替架子； (2) 上下作业无隔离层； (3) 临边缺乏围栏； (4) 防坠落保护不当； (5) 跨越栏杆外作业； (6) 不用或未正确使用安全带	(1) 高处坠落； (2) 其他伤害	3	6	7	126	3	(1) 高于1.5m系安全带，4m以上设置安全网； (2) 设置隔离围栏和安全警示； (3) 无安全带挂点须设置水平或垂直安全绳； (4) 立体作业做好上下层沟通，设置隔离层和安全警示；有落物击伤危险时，禁止下层作业
3	使用电动工具	(1) 不熟悉和正确使用电动工具； (2) 电动工具不符合安全要求； (3) 工具或易损件质量不良； (4) 电源无触电保护； (5) 使用时砂轮片、切割片等断裂飞出； (6) 不穿戴劳动保护用品	(1) 触电； (2) 机械伤害； (3) 人身伤害	3	6	3	54	2	(1) 加强培训，正确使用； (2) 使用前检查电源线、接地和其他部件良好，经检验合格在有效期内； (3) 电源盘等必须使用漏电保护器； (4) 确保电动工具的易耗品质量，开机前仔细检查； (5) 使用正确劳动防护用品

续表

编号	作业步骤	危害因素	可能导致的后果	风险评价					控制措施
				L	*E*	*C*	*D*	风险程度	
4	手工搬运	（1）搬运方法和搬运姿势不对； （2）用力不当或蛮干； （3）物件过重，未使用工器具； （4）员工未经培训，缺乏经验	人机工程伤害	3	6	7	126	3	（1）进行手工搬运培训； （2）用正确姿势搬运； （3）提供适当搬运工具； （4）不蛮干
5	焊接	（1）附近有易燃易爆气体或易燃物； （2）气管老化、漏气、打结； （3）气管与钢瓶压力表接口没对正； （4）气体钢瓶不固定； （5）乙炔气瓶与氧气钢瓶距离太近； （6）焊碴飞溅，没有使用阻燃垫隔离； （7）劳保用品穿戴不整齐；	（1）火灾； （2）化学爆炸； （3）人身伤害	1	3	15	45	2	（1）办理动火作业票，执行安全措施，监护人到位； （2）氧气瓶、乙炔瓶垂直放置并固定，距离不小于8m； （3）做好防火隔离措施，如使用阻燃垫和警示标识，准备灭火器等； （4）穿戴合适的工作服、防护鞋、防护眼镜、面罩和安全带等； （5）动火前清理动火点周围易燃易爆物品，确保5m范围内无易燃易爆物品； （6）焊机的二次回路电流不允许通过桥架，二次接地与工件直接接触； （7）氧气瓶、乙炔瓶必须带有防震圈和安全帽，在搬运时不得混装搬运；

续表

编号	作业步骤	危害因素	可能导致的后果	风险评价					控制措施
				L	*E*	*C*	*D*	风险程度	
5	焊接	(8) 面罩破损漏光； (9) 过量吸入焊接烟雾； (10) 残余火种复燃	(1) 火灾； (2) 化学爆炸； (3) 人身伤害	1	3	15	45	2	(8) 电焊机在使用时外壳要可靠接地； (9) 电焊机工作所用导线，必须绝缘良好，连接到电焊钳上的一端至少有5m绝缘软导线； (10) 焊工在更换焊条时，必须戴电焊手套，预防触电； (11) 动火时必须有取证消防人员监护，动火完毕检查动火现场无残余火种后方可离开
6	搭设脚手架	(1) 检（维）修脚手架无搭设委托单，搭设要求如载重、搭设环境不明，在高压电附近搭设等； (2) 搭设人员无资质、不戴安全帽、不系安全带和穿防滑鞋等； (3) 搭设高度4m以上无安全网； (4) 搭拆脚手架中误碰设备； (5) 搭拆脚手架时工具、材料掉下砸伤人；	(1) 高处坠落； (2) 触电	3	6	7	126	3	(1) 填写搭设委托单，明确搭设要求如载重、搭设环境等； (2) 在升压站、主变压器、启动变压器等处搭设脚手架时，必须办理工作票或工作联系单； (3) 检查搭设人员有无资质； (4) 搭设时戴安全帽、系安全带和穿防滑鞋等； (5) 按规定设置安全网；

续表

编号	作业步骤	危害因素	可能导致的后果	风险评价					控制措施
				L	*E*	*C*	*D*	风险程度	
6	搭设脚手架	(6) 脚手架不符合要求，如立杆、大横杆和小横杆间距太大，不符合要求； (7) 未经验收合格和挂牌即使用	(1) 高处坠落； (2) 触电	3	6	7	126	3	(6) 在高压电或动设备附近搭设，必须进行安全隔离和保持安全距离； (7) 经验收合格和挂牌即使用
7	设备保温	(1) 水位计、变送器等临近设备的高温高压介质泄漏伤人； (2) 爬楼梯及上检查平台造成绊跌、踩空、坠落； (3) 保温钩钉扎手； (4) 在除氧器本体焊接保温构件； (5) 误碰转动机械； (6) 保温层有空洞导致局部超温	(1) 灼烫； (2) 人身伤害； (3) 机械伤害	3	6	7	126	3	(1) 进入该区域前观察是否有泄漏； (2) 不得正对或靠近泄漏点； (3) 考虑好泄漏时的紧急撤离路线； (4) 安装警示标识； (5) 行走时看清平台结构、路线； (6) 设置作业区域隔离带； (7) 注意观察，上下楼梯手扶栏杆； (8) 戴好手套、口罩； (9) 严禁在除氧器上进行焊接； (10) 维护防护罩完整，与转件保持安全距离； (11) 保温层应充实、压缝； (12) 工作人员必须穿较厚的工作服，必要时穿防烫服； (13) 人员必须站立在蒸汽或煤粉预想喷出位置的侧面； (14) 工作人员必须从非泄漏部位向泄漏部位逐步拆除； (15) 严禁工作人员身体部位倚靠或直接接触热态的管道和设备

续表

编号	作业步骤	危害因素	可能导致的后果	风险评价					控制措施
				L	*E*	*C*	*D*	风险程度	
8	管道保温	(1) 铝皮、铁丝网、硅酸铝毡没拿好脱落； (2) 安全带没挂； (3) 高处作业工器具没拴安全绳； (4) 管道有余温； (5) 作业点没铺设编织布； (6) 踩踏其他管道； (7) 碎料没收集袋装； (8) 抛扔保温棉导致硅纤维飞扬	(1) 高处落物； (2) 灼烫； (3) 职业危害； (4) 设备损坏	3	6	7	126	3	(1) 对人员进行安全教育培训； (2) 铺设编织布、设置隔离带； (3) 稳拿轻放，文明作业； (4) 正确使用安全带； (5) 较大工器具应拴有安全绳； (6) 穿戴整齐劳动保护用品； (7) 成品保护，禁止踩踏取样管等； (8) 保温碎料及时袋装； (9) 保温层应保持完整，当室温25℃时，保温层表面温度不超过50℃
9	阀门保温	(1) 玻璃钢外壳拆装后破损； (2) 碰撞操作盘； (3) 损坏电动或气动部件连线； (4) 材料堆放占用通道； (5) 标识牌乱扔丢失	(1) 人身伤害； (2) 设备损坏	3	6	3	54	2	(1) 玻璃钢外壳组件集中堆放，装复后不得有接触阀体的地方； (2) 小心阀门操作盘伤人； (3) 驱动连线应妥善隔离； (4) 材料靠边定置堆放； (5) 完工后标识牌应原样装复； (6) 不得损坏临近的仪表管、变送器等附属设施
10	耐火混凝土浇注	(1) 照明不足； (2) 通风不足； (3) 监护人缺位；	(1) 人身伤害； (2) 化学性爆炸； (3) 中毒或窒息	6	6	3	108	3	(1) 办理动火作业票，执行安全措施，监护人到位； (2) 穿戴合适的工作服、防护鞋、防护眼镜、面罩、口罩；

续表

编号	作业步骤	危害因素	可能导致的后果	风险评价					控制措施
				L	*E*	*C*	*D*	风险程度	
10	耐火混凝土浇注	(4) 误关进出口门； (5) 割碴飞溅，没有使用阻燃垫； (6) 没有穿戴或使用不合适的工作服； (7) 受限空间存在有害气体、粉尘； (8) 凿砼损坏水冷壁、后包墙管等； (9) 灰桶漏底； (10) 作业点存在高温	(1) 人身伤害； (2) 化学性爆炸； (3) 中毒或窒息	6	6	3	108	3	(3) 上下作业设置隔离层，并保持沟通； (4) 加大通风换气； (5) 行灯照明应充足； (6) 使用足够面积的阻燃垫； (7) 设置受限空间警示标识； (8) 作业点铺设油布隔离层； (9) 应直运输干料、就地搅拌，水平运输湿料、随拌随用； (10) 拌料铁皮应足够大，灰桶需完好； (11) 做好降温措施，配备饮用水，轮换作息； (12) 完成各质检点的验收
11	外护板拆装	(1) 卸下的边料被风刮落； (2) 尖锐边角划开皮肤； (3) 拆卸时夹层粉尘飞扬； (4) 工具滑脱； (5) 刻线机、卷板机伤人； (6) 手剪铁皮时出血； (7) 下料切割声刺耳；	(1) 人身伤害； (2) 高处落物	3	3	15	135	3	(1) 集中堆放后重物压好，或用绳索临时绑扎； (2) 穿戴合适劳保用品； (3) 工器具应拴有安全绳； (4) 遵守机具操作规定； (5) 紧固件应放入铁桶；

续表

编号	作业步骤	危害因素	可能导致的后果	风险评价					控制措施
				L	*E*	*C*	*D*	风险程度	
11	外护板拆装	（8）自攻螺丝或铆钉高处散落	（1）人身伤害； （2）高处落物	3	3	15	135	3	（6）戴好护耳器，落实降噪措施
三	完工恢复								
1	结束工作	（1）现场遗留检修杂物； （2）废料不清理； （3）临时电线不回收； （4）施工结束未通知拆除架子	其他伤害	1	3	15	45	2	（1）余料回收、废料清理，工完场清； （2）临时电线须拆除，盘放整齐； （3）及时联系拆架
四	作业环境								
1	暴露在高噪声环境下作业	（1）发电厂生产噪声； （2）员工未佩戴护耳器； （3）防护用品不完备	职业危害，致聋	1	6	7	42	2	（1）完善降噪措施； （2）佩戴护耳器； （3）定期进行噪声监测； （4）对员工进行听力基础及比较测试
2	接触高温高压蒸汽	（1）正常运行时管道裂开； （2）检修时割破管道； （3）密封件吹损	灼烫	1	6	7	42	2	（1）穿戴个人防护用品如长袖衣服、长裤子、隔热服和防护眼镜等； （2）工作时采取隔热措施
3	粉尘环境	（1）锅炉管路泄漏产生粉尘； （2）炉底飞灰泄漏； （3）灰尘清理不当； （4）呼吸系统保护不当	职业危害，尘肺	1	6	7	42	2	（1）采取控制粉尘措施，加强日常维护； （2）佩戴防尘口罩、呼吸器等； （3）定期进行粉尘监测； （4）定期体检； （5）及时清扫地面，清理积灰

2 仓库物资存储

<table>
<tr><td colspan="4">主要作业风险：
（1）物体打击伤害；
（2）机械伤害；
（3）火灾；
（4）高处坠落；
（5）坍塌；
（6）其他伤害；
（7）人机工程危害；
（8）作业环境危害</td><td colspan="6">控制措施：
（1）加强对搬运物件人员的安全监护工作；
（2）经常检查，使堆放物件放置稳当牢固；
（3）物件放置应保证库房通道通畅，将有碍通行的物件移位至安全处；
（4）仓库严禁吸烟及明火作业；
（5）配备消防器材；
（6）配备应急照明工具</td></tr>
<tr><td rowspan="2">编号</td><td rowspan="2">作业步骤</td><td rowspan="2">危害因素</td><td rowspan="2">可能导致的后果</td><td colspan="5">风险评价</td><td rowspan="2">控制措施</td></tr>
<tr><td>L</td><td>E</td><td>C</td><td>D</td><td>风险程度</td></tr>
<tr><td>一</td><td colspan="3">物资搬运</td><td></td><td></td><td></td><td></td><td></td><td></td></tr>
<tr><td>1</td><td>出入库物资的搬运</td><td>（1）搬运人员配合不协；
（2）搬运人员用力不当；
（3）搬运人员对周围物体、人员主观判断错误</td><td>（1）堆放物件时挤压碰撞造成的人员机械伤害；
（2）搬运中的物件对人体的碰撞打击伤害；
（3）搬运物件过程中摔、扭、挫、擦、刺、割伤等其他伤害；</td><td>6</td><td>6</td><td>7</td><td>252</td><td>4</td><td>（1）仓管员对搬运物件人员进行安全监护工作，及时提醒纠正不当作业方式；
（2）使用正确的工器具</td></tr>
</table>

续表

编号	作业步骤	危害因素	可能导致的后果	风险评价					控制措施
				L	*E*	*C*	*D*	风险程度	
1	出入库物资的搬运	（1）搬运人员配合不协； （2）搬运人员用力不当； （3）搬运人员对周围物体、人员主观判断错误	（4）搬运物件过程中的提举重物、重复动作、别扭姿势等造成的人机工程危害	6	6	7	252	4	（1）仓管员对搬运物件人员进行安全监护工作，及时提醒纠正不当作业方式； （2）使用正确的工器具
二	物资存储								
1	入库物资的堆放	（1）堆放的物件没有放置稳当牢固； （2）物件的重量超出了货架的承受力； （3）物件摆放的位置不当，影响通道的畅通	（1）堆放物件发生坍塌； （2）物件高处坠落击打人体造成伤害； （3）容易使人体碰撞物件造成其他伤害	6	6	7	252	4	（1）明确堆放物件的限高，堆放物件的最高限重； （2）固定滚动物件，使其无法滚动； （3）根据上轻下重的原则，物件摆放稳当； （4）将有碍通行的物件移位至安全处

3 叉车作业

<table>
<tr><td colspan="4">主要作业风险：
（1）车辆造成作业区域周围其他人员伤害；
（2）车辆损坏；
（3）车上物资掉落造成人员伤害和物资损坏</td><td colspan="6">控制措施：
（1）特种车辆操作人员必须持证上岗；
（2）车辆在作业前必须按规定对车辆进行检查并作好记录；
（3）作业时要保持设备和人员的安全距离；
（4）作业时现场有专人监护、指挥</td></tr>
<tr><td rowspan="2">编号</td><td rowspan="2">作业步骤</td><td rowspan="2">危害因素</td><td rowspan="2">可能导致的后果</td><td colspan="5">风险评价</td><td rowspan="2">控制措施</td></tr>
<tr><td>L</td><td>E</td><td>C</td><td>D</td><td>风险程度</td></tr>
<tr><td>一</td><td colspan="3">出车准备</td><td></td><td></td><td></td><td></td><td></td><td></td></tr>
<tr><td>1</td><td>进行车辆检查</td><td>车辆带病作业</td><td>车辆损坏</td><td>3</td><td>3</td><td>15</td><td>135</td><td>3</td><td>车辆启动前按规定检查车辆并做好记录</td></tr>
<tr><td>二</td><td colspan="3">叉车作业</td><td></td><td></td><td></td><td></td><td></td><td></td></tr>
<tr><td>1</td><td>厂区道路行驶</td><td>（1）车速过快；
（2）车辆故障；
（3）扬尘；
（4）未按规定路线行驶；
（5）驾驶员操作失误</td><td>（1）车辆伤害；
（2）作业环境危害；
（3）道路设施损坏</td><td>3</td><td>6</td><td>15</td><td>270</td><td>4</td><td>（1）严格限速、限路线行驶；
（2）严格按车辆管理规定执行；
（3）定期检查保养</td></tr>
<tr><td>2</td><td>叉运物资</td><td>（1）物资摆放不平衡；
（2）物资超出叉车限载量；
（3）驾驶不平稳</td><td>（1）物资掉落损坏；
（2）车辆损坏；
（3）人身伤害</td><td>3</td><td>3</td><td>15</td><td>135</td><td>3</td><td>（1）物资摆放平衡，不超限、超高、超重；
（2）专人进行指挥、监督；
（3）遵守厂区车辆行驶规定</td></tr>
<tr><td>三</td><td colspan="3">作业环境</td><td></td><td></td><td></td><td></td><td></td><td></td></tr>
<tr><td>1</td><td>多车交会</td><td>（1）视线不清；
（2）互相抢道</td><td>车辆伤害</td><td>3</td><td>10</td><td>1</td><td>30</td><td>2</td><td>严格执行操作规程</td></tr>
</table>

续表

<table>
<tr><th rowspan="2">编号</th><th rowspan="2">作业步骤</th><th rowspan="2">危害因素</th><th rowspan="2">可能导致的后果</th><th colspan="5">风险评价</th><th rowspan="2">控制措施</th></tr>
<tr><th>L</th><th>E</th><th>C</th><th>D</th><th>风险程度</th></tr>
<tr><td>2</td><td>恶劣天气（大雾、大雨、台风）驾驶</td><td>（1）视线不清；
（2）车辆故障</td><td>车辆伤害</td><td>3</td><td>1</td><td>15</td><td>45</td><td>2</td><td>（1）台风季节停止作业；
（2）定期检查车况；
（3）限速行驶</td></tr>
</table>

4 电动葫芦检修

<table>
<tr><td colspan="4">主要作业风险：
（1）因切断电源时拉错开关、走错间隔或误送电，验电时误判无电或触及其他有电部位以及电动执行机构试转时造成触电、电弧灼伤、火灾、其他人身伤害和设备事故；
（2）检修时周围有转动机械造成人身伤害；
（3）检修现场周围存在孔洞围栏不牢固造成人员跌落；
（4）周围工作环境对人身健康造成的影响</td><td colspan="6">控制措施：
（1）办理工作票、切断电源，在开关处挂牌；
（2）检修工作开始前工作负责人检查检修现场孔洞围栏是否牢固，在检修区域增设围栏并悬挂警告牌；
（3）工作人员正确使用个人防护设备</td></tr>
<tr><th rowspan="2">编号</th><th rowspan="2">作业步骤</th><th rowspan="2">危害因素</th><th rowspan="2">可能导致的后果</th><th colspan="5">风险评价</th><th rowspan="2">控制措施</th></tr>
<tr><th>L</th><th>E</th><th>C</th><th>D</th><th>风险程度</th></tr>
<tr><td>一</td><td colspan="3">检修前准备</td><td></td><td></td><td></td><td></td><td></td><td></td></tr>
<tr><td>1</td><td>确认工作票安全措施执行</td><td>（1）拉错开关、走错间隔或误送电导致设备带电或误动；
（2）误碰其他有电部位产生电弧</td><td>（1）触电、电弧灼伤；
（2）设备事故</td><td>3</td><td>2</td><td>1</td><td>6</td><td>1</td><td>（1）办理工作票，确认执行安全措施；
（2）检修电源开关处悬挂“在此工作”标示牌；
（3）与运行人员至检修现场共同办理工作票签发；
（4）与运行人员共同确认开关或设备位置，正确验电</td></tr>
<tr><td>2</td><td>工作交底</td><td>走错间隔</td><td>（1）触电；
（2）设备事故</td><td>3</td><td>2</td><td>3</td><td>18</td><td>1</td><td>加强人员培训</td></tr>
<tr><td>3</td><td>准备工器具/材料</td><td>工器具与设备不配套</td><td>设备事故</td><td>6</td><td>2</td><td>1</td><td>12</td><td>1</td><td>（1）做好修前准备；
（2）加强人员培训</td></tr>
</table>

续表

编号	作业步骤	危害因素	可能导致的后果	风险评价					控制措施
				L	*E*	*C*	*D*	风险程度	
4	准备劳动保护用品	噪声、粉尘危害	职业危害	3	2	1	6	1	准备耳塞、手套、口罩
二	检修过程								
1	拆动力、控制电缆	因接线标记不清造成接线错误	设备事故	3	3	1	9	1	拆线前做好标记
2	拆连接法兰	（1）操作不当； （2）支架侧翻	（1）设备事故； （2）机械伤害	3	3	1	9	1	拆解前固定好电动执行机构
3	电动执行机构移动	（1）钢丝绳断股； （2）悬挂位置错位； （3）作业人员站位不正确； （4）无关人员误入作业区域； （5）高处落物； （6）高处作业失足误碰机械设备	（1）物体打击； （2）设备事故； （3）高处坠落； （4）机械伤害； （5）起重伤害	1	1	3	3	1	（1）作业前检查起重设备； （2）操作人员持证上岗； （3）使用个人防护设备； （4）设置隔离区
4	电动执行机构解体	人员操作不当	设备事故	6	2	1	12	1	加强人员培训
5	电动执行机构检修	人员操作不当	设备事故	6	2	1	12	1	加强人员培训
6	电动执行机构组装	人员操作不当	设备事故	6	2	1	12	1	加强人员培训

续表

编号	作业步骤	危害因素	可能导致的后果	风险评价 L	E	C	D	风险程度	控制措施
7	电动执行机构复位	(1) 葫芦断裂; (2) 钢丝绳断股; (3) 悬挂位置错位; (4) 作业人员站位不正确; (5) 无关人员误入作业区域; (6) 高处落物; (7) 高处作业失足; (8) 误碰机械设备	(1) 物体打击; (2) 设备事故; (3) 高处坠落; (4) 机械伤害; (5) 起重伤害	1	1	3	3	1	(1) 作业前检查起重设备; (2) 操作人员持证上岗; (3) 使用个人防护设备; (4) 设置隔离区
8	接动力、控制电缆	(1) 工作票未交给运行值班员; (2) 电源线裸露	触电	0.5	2	15	15	1	(1) 专人监护; (2) 工作票押回运行
9	电动执行机构试运转	(1) 工作票未交给运行值班员; (2) 电源线裸露; (3) 触碰机械转动部位	(1) 触电; (2) 人身伤害	3	3	1	9	1	(1) 专人监护; (2) 工作票押回运行
10	限位调整	人员操作不当	设备损坏	6	3	1	18	1	加强人员培训
三	完工恢复								
1	结束工作	(1) 遗漏工器具; (2) 现场遗留检修杂物; (3) 不结束工作票	(1) 触电; (2) 人身伤害	6	3	1	18	1	(1) 收齐检查工器具; (2) 清扫检修现场; (3) 结束工作票

续表

编号	作业步骤	危害因素	可能导致的后果	风险评价					控制措施
				L	*E*	*C*	*D*	风险程度	
四	作业环境								
1	粉尘环境	(1) 石灰石粉仓产生石灰石粉; (2) 石灰石粉清理不当; (3) 呼吸系统保护不当	职业危害，导致呼吸系统疾病或眼睛伤害，如肺脏功能减低、鼻/喉发炎、皮炎	3	6	1	18	1	(1) 采取控制粉尘措施，加强日常维护; (2) 佩戴防尘口罩、呼吸器等; (3) 定期进行粉尘监测; (4) 定期体检; (5) 及时清扫地面，清理积灰
2	噪声环境	(1) 转动机械产生大量噪声; (2) 听力保护不当	职业危害，导致听力下降	3	6	1	18	1	正确佩戴耳塞

5 电动执行器检修

主要作业风险：	控制措施：
(1) 因切断电源时拉错开关、走错间隔或误送电，验电时误判无电或触及其他有电部位以及电动执行机构试转时造成触电、电弧灼伤、火灾和其他人身伤害和设备事故； (2) 使用电动葫芦起吊电动执行机构时造成机械损伤； (3) 检修时周围有转动机械造成人身伤害； (4) 检修现场周围存在孔洞围栏不牢固造成人员跌落； (5) 周围工作环境对人身健康造成的影响	(1) 办理工作票、切断电源，在开关处挂牌； (2) 吊装前检查吊装器具、禁止站在吊件下； (3) 检修工作开始前工作负责人检查检修现场孔洞围栏是否牢固，在检修区域增设围栏并悬挂警告牌； (4) 工作人员正确使用个人防护设备

编号	作业步骤	危害因素	可能导致的后果	风险评价					控制措施
				L	*E*	*C*	*D*	风险程度	
一	检修前准备								
1	确认工作票安全措施执行	(1) 拉错开关、走错间隔或误送电导致设备带电或误动； (2) 误碰其他有电部位产生电弧	(1) 触电、电弧灼伤； (2) 设备事故	3	2	1	6	1	(1) 办理工作票，确认执行安全措施； (2) 检修电源开关处悬挂“在此工作”标示牌； (3) 与运行人员至检修现场共同办理工作票签发； (4) 与运行人员共同确认开关或设备位置，正确验电
2	工作交底	走错间隔	(1) 触电； (2) 设备事故	3	2	3	18	1	加强人员培训
3	准备工器具/材料	工器具与设备不配套	设备事故	6	2	1	12	1	(1) 做好修前准备； (2) 加强人员培训

续表

编号	作业步骤	危害因素	可能导致的后果	风险评价					控制措施
				L	*E*	*C*	*D*	风险程度	
4	准备劳动保护用品	噪声、粉尘危害	职业危害	3	2	1	6	1	准备耳塞、手套、口罩
5	准备起重设备	起重设备不合格	（1）设备事故； （2）机械伤害； （3）起重伤害	1	1	7	7	1	作业前检查起重设备
6	搭设脚手架	脚手架未验收合格	高处坠落	1	1	7	7	1	作业前验收脚手架
二	检修过程								
1	拆动力、控制电缆	因接线标记不清造成接线错误	设备事故	3	3	1	9	1	拆线前做好标记
2	拆连接法兰	（1）操作不当； （2）支架侧翻	（1）设备事故； （2）机械伤害	3	3	1	9	1	拆解前固定好电动执行机构
3	电动执行机构移动	（1）葫芦断裂； （2）钢丝绳断股； （3）悬挂位置错位； （4）作业人员站位不正确； （5）无关人员误入作业区域； （6）高处落物； （7）高处作业失足误碰机械设备	（1）物体打击； （2）设备事故； （3）高处坠落； （4）机械伤害； （5）起重伤害	1	1	3	3	1	（1）作业前检查起重设备； （2）操作人员持证上岗； （3）使用个人防护设备； （4）设置隔离区
4	电动执行机构解体	人员操作不当	设备事故	6	2	1	12	1	加强人员培训

续表

编号	作业步骤	危害因素	可能导致的后果	风险评价					控制措施
				L	*E*	*C*	*D*	风险程度	
5	电动执行机构检修	人员操作不当	设备事故	6	2	1	12	1	加强人员培训
6	电动执行机构组装	人员操作不当	设备事故	6	2	1	12	1	加强人员培训
7	电动执行机构复位	(1) 葫芦断裂； (2) 钢丝绳断股； (3) 悬挂位置错位； (4) 作业人员站位不正确； (5) 无关人员误入作业区域； (6) 高处落物； (7) 高处作业失足； (8) 误碰机械设备	(1) 物体打击； (2) 设备事故； (3) 高处坠落； (4) 机械伤害； (5) 起重伤害	1	1	3	3	1	(1) 作业前检查起重设备； (2) 操作人员持证上岗； (3) 使用个人防护设备； (4) 设置隔离区
8	接动力、控制电缆	(1) 工作票未交给运行值班员； (2) 电源线裸露	触电	0.5	2	15	15	1	(1) 专人监护； (2) 工作票押回运行
9	电动执行机构试运转	(1) 工作票未交给运行值班员； (2) 电源线裸露； (3) 触碰机械转动部位	(1) 触电； (2) 人身伤害	3	3	1	9	1	(1) 专人监护； (2) 工作票押回运行
10	限位调整	人员操作不当	设备损坏	6	3	1	18	1	加强人员培训

续表

编号	作业步骤	危害因素	可能导致的后果	风险评价					控制措施
				L	*E*	*C*	*D*	风险程度	
三	完工恢复								
1	结束工作	(1) 遗漏工器具; (2) 现场遗留检修杂物; (3) 不结束工作票	(1) 触电; (2) 人身伤害	6	3	1	18	1	(1) 收齐检查工器具; (2) 清扫检修现场; (3) 结束工作票
四	作业环境								
1	粉尘环境	(1) 石灰石粉仓产生石灰石粉; (2) 石灰石粉清理不当; (3) 呼吸系统保护不当	职业危害,导致呼吸系统疾病或眼睛伤害,如肺脏功能减低、鼻/喉发炎、皮炎	3	6	1	18	1	(1) 采取控制粉尘措施,加强日常维护; (2) 佩戴防尘口罩、呼吸器等; (3) 定期进行粉尘监测; (4) 定期体检; (5) 及时清扫地面,清理积灰
2	噪声环境	(1) 转动机械产生大量噪声; (2) 听力保护不当	职业危害,导致听力下降	3	6	1	18	1	正确佩戴耳塞

6 电梯维保

主要作业风险： （1）触电； （2）坠落； （3）设备事故				控制措施： （1）办理工作票、确认检修开关、验电、上锁挂牌； （2）由专业人员规范操作； （3）系好安全带					
编号	作业步骤	危害因素	可能导致的后果	风险评价					控制措施
				L	*E*	*C*	*D*	风险程度	
一	检修前准备								
1	切断电源	（1）拉错开关、误送电导致设备带电或误动； （2）分闸时引起着火； （3）误碰其他有电部位产生电弧	（1）触电； （2）电弧灼伤； （3）火灾； （4）设备事故	3	6	7	126	3	（1）办理工作票，确认执行安全措施； （2）共同确认检修开关、上锁、验电和挂警示牌
2	验电	（1）误判无电； （2）使用错误或破损的验电设备； （3）触及其他有电部位	（1）触电； （2）电弧灼伤； （3）火灾	1	6	15	90	3	（1）确认正确验电开关或设备位置； （2）按带电要求操作
3	选择合适的工器具	工器具选择不当	其他伤害	1	3	15	45	2	（1）选择合适的操作工器具； （2）检查所用工具必须完好； （3）正确使用工器具
4	穿戴劳动防护用品	过期使用	人身伤害	3	3	15	90	3	（1）定检、更换； （2）着装整齐，安全帽、安全带佩戴规范； （3）认真做好安全交底

续表

编号	作业步骤	危害因素	可能导致的后果	风险评价					控制措施
				L	*E*	*C*	*D*	风险程度	
5	布置场地	（1）警示围栏不完整； （2）无明显的警示牌	其他伤害	1	2	15	30	2	（1）确认围栏完好； （2）警示牌设置正确，牢固
二	保养								
1	电源箱	（1）因相线标记不清，造成接线错误引起电动机反转； （2）线头松动	（1）人身伤害； （2）设备损坏	3	2	7	42	2	（1）检查核实； （2）做好相线标识记号
2	控制屏	（1）清扫时线路松动引起误动作； （2）检查不当导致主板损坏		3	2	15	90	3	（1）逐一核实并紧固； （2）主板清尘使用皮老虎
3	主机	（1）油迹未擦干引起摔倒； （2）制动器调整检查时转机突然转动		3	2	15	90	3	（1）检查前确认电源已切断； （2）制动器检查前把电梯停在顶层； （3）对于正在转动中的机器，不准装卸和校正皮带，或直接用手往皮带上撒松香等物
4	限速器	（1）制动卡未复位，引起电梯刹车； （2）上行保护开关动作引起夹绳器动作	设备损坏	1	3	15	45	2	（1）确认制动卡复位； （2）结束后再检查各开关已复位

续表

编号	作业步骤	危害因素	可能导致的后果	风险评价					控制措施
				L	*E*	*C*	*D*	风险程度	
5	轿厢	（1）进入轿顶前电梯门锁回路封线，引起电梯突然启动； （2）打开厅门未观察电梯平层； （3）进入轿顶后未及时转检修； （4）检修运行时未派专人操作； （5）加油后轿顶油迹未擦干净	机械伤害	3	2	15	90	3	（1）进入前检查门锁回路无短接； （2）由专人开门并监护； （3）检修状态运行由专人操作； （4）结束后检查清理
6	厅门	（1）检查门锁时造成门锁短路； （2）打开厅门后门锁未扣牢	人机工程危害	3	2	7	42	2	（1）检查后各开关门锁复位； （2）调整门锁扣
7	底坑	（1）打开厅门未设专人监护； （2）进入底坑前未开灯； （3）进入底坑后未按急停按钮； （4）电梯未派人操作		3	3	7	63	2	（1）专人监护； （2）派员操作； （3）进入后开灯及按急停

续表

编号	作业步骤	危害因素	可能导致的后果	风险评价					控制措施
				L	*E*	*C*	*D*	风险程度	
三	完工恢复								
1	电梯试转	（1）工作票不压票； （2）电源线盒未扣； （3）触碰电动机及机械转动部位	（1）触电； （2）人身伤害	3	3	7	63	2	（1）执行试车压票流程； （2）盖好线盒； （3）装复防护网罩
2	结束工作	（1）遗漏工器具； （2）现场遗留检修杂物； （3）不终结工作票	（1）触电； （2）人身伤害	1	3	15	45	2	（1）收齐检查工器具； （2）清扫检修现场； （3）终结工作票
四	作业环境								
1	噪声	（1）员工没有佩戴合适的听力防护用品，如耳塞、耳罩等； （2）听力防护用品使用不当	（1）职业危害； （2）如听力下降，致聋	10	10	1	100	3	（1）采取控制噪声措施，加强日常维护； （2）佩戴耳塞，在特高噪声区使用耳罩； （3）定期进行噪声监测； （4）对员工进行听力基础及比较测试
2	在粉尘环境中作业	（1）锅炉产生粉尘； （2）灰尘清理不当； （3）呼吸系统保护不当	职业危害，导致呼吸系统疾病或眼睛伤害，如肺脏功能减低、鼻/喉发炎、皮炎	1	6	7	42	2	（1）采取控制粉尘措施，加强日常维护； （2）佩戴防尘口罩、呼吸器等； （3）定期进行粉尘监测； （4）定期体检； （5）及时清扫地面，清理积灰； （6）加强通风

7 动火作业

<table>
<tr><td colspan="4">主要作业风险：
（1）人身伤害；
（2）物体打击；
（3）机械伤害；
（4）火灾；
（5）触电；
（6）环境污染；
（7）粉尘伤害</td><td colspan="6">控制措施：
（1）正确地使用个人防护用品；
（2）使用前检查手拉葫芦、钢丝绳吊扣等；
（3）气瓶必须进行有效的固定，防止倾倒；
（4）设置隔离措施以及隔离范围；
（5）动火办理动火票，配灭火器，并消防人员进行全程的监护；
（6）加强对现场工作人员的安全培训和技术交底</td></tr>
<tr><th rowspan="2">编号</th><th rowspan="2">作业步骤</th><th rowspan="2">危害因素</th><th rowspan="2">可能导致的后果</th><th colspan="5">风险评价</th><th rowspan="2">控制措施</th></tr>
<tr><th>L</th><th>E</th><th>C</th><th>D</th><th>风险程度</th></tr>
<tr><td>一</td><td colspan="3">动火前准备</td><td></td><td></td><td></td><td></td><td></td><td></td></tr>
<tr><td>1</td><td>具备动火条件</td><td>（1）动火现场无消防设施；
（2）现场消防安全措施不完善；
（3）可燃气体、易燃液体的可燃蒸汽含量或粉尘浓度没有测定</td><td>（1）设备损害；
（2）人身伤害；
（3）火灾</td><td>3</td><td>1</td><td>15</td><td>45</td><td>2</td><td>（1）动火现场配备必要的、足够的消防设施（器材）；
（2）检查现场消防安全措施的完善和落实情况；
（3）确认所指定的专人测定可燃气体、易燃液体的可燃蒸汽含量或粉尘浓度是否符合安全要求；
（4）始终监视现场动火作业的动态，发现失火及时扑灭</td></tr>
<tr><td>2</td><td>准备动火工具</td><td>（1）手动工具如敲击工具锤头松脱、破损等；
（2）氧气瓶、乙炔瓶皮管老化，表计损坏；</td><td>（1）人身伤害；
（2）设备损坏</td><td>1</td><td>2</td><td>1</td><td>2</td><td>1</td><td>（1）使用前确认工具型号和标示；
（2）使用前确认氧气瓶、乙炔瓶皮管完好合格、表计完好无损</td></tr>
</table>

续表

编号	作业步骤	危害因素	可能导致的后果	风险评价					控制措施
				L	*E*	*C*	*D*	风险程度	
2	准备动火工具	（3）使用不合适工具，小工具准备不全或遗漏等	（1）人身伤害； （2）设备损坏	1	2	1	2	1	（1）使用前确认工具型号和标示； （2）使用前确认氧气瓶、乙炔瓶皮管完好合格、表计完好无损
3	准备电动工具	（1）电动工具不符合要求，如电线破损、绝缘和接地不良； （2）电源无触电保护或/和工具设备无接地保护； （3）使用时如砂轮片、切割片等断裂飞出	（1）触电； （2）机械伤害； （3）人身伤害	3	3	7	63	2	（1）使用前检查电源线、接地和其他部件良好，经检验合格在有效期内； （2）电源盘等必须使用漏电保护器； （3）确保易耗品，如砂轮片、切割片的质量； （4）使用正确劳动防护用品，如眼镜、面罩等
4	布置场地	（1）工具摆放凌乱； （2）场地选择不当，如场地条件（照明等）不足	（1）人身伤害； （2）影响人员通行	3	2	1	6	1	（1）严格执行定置管理要求； （2）进场前进行确认检查； （3）正确使用工器具
5	搭设脚手架	（1）搭设脚手架无搭设委托单，搭设要求如载重、搭设环境不明，在高压电附近搭设等； （2）搭设人员无资质、不戴安全帽、不系安全带和穿防滑鞋等； （3）搭设高度 4m 以上无安全网；	（1）高处坠落； （2）触电	6	2	15	180	4	（1）填写搭设委托单，明确搭设要求如载重、搭设环境等； （2）搭设脚手架时必须办理工作票或工作联系单； （3）检查搭设人员有无资质；

续表

编号	作业步骤	危害因素	可能导致的后果	风险评价					控制措施
				L	E	C	D	风险程度	
5	搭设脚手架	（4）搭拆脚手架中误碰设备； （5）搭拆脚手架时工具、材料掉下砸伤人； （6）脚手架不符合要求，如立杆、大横杆和小横杆间距太大，不符合要求	（1）高处坠落； （2）触电	6	2	15	180	4	（4）搭设时戴安全帽、系安全带和穿防滑鞋等； （5）设高度4m以上无安全网； （6）在高压电或动设备附近搭设必须进行安全隔离和保持安全距离； （7）经验收合格和挂牌即使用
二	动火过程								
1	动火工作	动火区域未按要求焊割	火灾、爆炸	6	3	15	270	4	（1）按要求办理一、二级动火票。 （2）在油系统设备或管道上直接动火时，应在放尽存油的前提下，清洗干净后方可进行动火工作；设备或管道现场条件不允许拆下，也应与其他设备或管道断开，并除尽油垢，保证良好的通风，消除油气。 （3）电、火焊设备放在指定地点，禁止用铁棒等物代替接地线和固定接地点以及远距离接地回路。 （4）氧气瓶和乙炔瓶的距离不得小于8m，必须直立放置。 （5）氧气管和乙炔管在工作中防止沾上油脂。 （6）焊枪点火时先开氧气门，再开乙炔气门，熄火时与此操作相反。

续表

编号	作业步骤	危害因素	可能导致的后果	风险评价					控制措施
				L	*E*	*C*	*D*	风险程度	
1	动火工作	动火区域未按要求焊割	火灾、爆炸	6	3	15	270	4	（7）动火工作间断、终结时清理并检查现场无残留火种
2	清洁，打扫设备	（1）重物伤人； （2）设备锋利棱角割伤； （3）化学清洗剂伤害	（1）人身伤害； （2）设备伤害	3	3	7	63	2	（1）正确使用手套、防护镜防护用品； （2）合理安排工作流程； （3）对施工人员进行详细的安全技术交底
三	完工恢复								
1	检查、恢复动火部位	（1）走错间隔； （2）误操作； （3）操作不到位（阀门需要全开或全关的未到行程等）	（1）人身伤害； （2）设备损坏； （3）系统无法投运，影响工作进度	2	3	2	12	1	（1）终结工作票； （2）确认恢复安全措施
2	结束工作（现场文明施工）	（1）遗漏工器具； （2）现场遗留检修杂物； （3）不拆除临时用电； （4）不结束工作票，终结工作票继续进行工作	（1）设备损坏； （2）人身伤害； （3）设备故障	2	3	15	90	3	（1）收齐检查工器具； （2）清扫检修现场； （3）拆除临时用电； （4）结束工作票
四	作业环境								
1	粉尘环境	（1）设备打磨清理产生的灰尘及废弃物； （2）清洗阀门内部时，煤油等挥发产生的气体；	（1）职业危害，导致呼吸系统疾病或眼睛功能异常；	3	3	7	63	2	（1）定期进行体检； （2）加强个人的防护工作； （3）及时进行有效的清理；

续表

编号	作业步骤	危害因素	可能导致的后果	风险评价					控制措施
				L	*E*	*C*	*D*	风险程度	
1	粉尘环境	（3）呼吸系统保护不当	（2）进污染物导致设备故障	3	3	7	63	2	（4）佩戴正确类型的防护口罩； （5）换下的润滑油及清洗零件后的煤油必须放入废油桶； （6）不得随意倾倒
2	暴露在高噪声环境下作业	（1）发电厂运行机组、压缩机、高压蒸汽引起的噪声或缺乏维护； （2）员工没有佩戴合适的听力防护用品，如耳塞、耳罩等； （3）听力防护用品使用不当	听力下降，致聋	3	3	7	63	2	（1）采取控制噪声措施，加强日常维护； （2）佩戴耳塞，在特高噪声区使用耳罩； （3）定期进行噪声监测； （4）对员工进行听力基础及比较测试

8 阀门操作

主要作业风险： （1）烫伤； （2）爆炸伤害； （3）坠落伤害； （4）机械伤害； （5）腐蚀伤害； （6）淹溺伤害； （7）其他伤害	控制措施： （1）仔细核对阀门标牌与工作票中是否一致； （2）选择合适的工器具； （3）带好对讲机，及时联系沟通； （4）操作阀门应缓慢，并注意观察

编号	作业步骤	危害因素	可能导致的后果	风险评价					控制措施
				L	*E*	*C*	*D*	风险程度	
一	操作前准备								
1	接收指令	工作对象不清楚	（1）导致人员伤害或设备异常； （2）物体打击、摔伤、烫伤、化学伤害、碰撞、淹溺、坠落伤害、落物伤害	6	0.5	15	45	2	（1）确认目的，防止弄错对象； （2）工作中必须进行必要的沟通； （3）必要时按规定执行操作监护； （4）工作负责人再确认
2	操作对象核对	错误操作其他不该操作的设备		6	1	15	90	3	
3	选择合适的工器具	使用不当引起阀钩打滑		10	10	1	100	3	（1）使用合格的移动操作台； （2）使用合适的阀钩； （3）工作负责人再确认
4	准备合适的防护用具	（1）介质泄漏； （2）高处落物		3	6	7	126	3	（1）正确佩戴安全帽； （2）戴防护手套； （3）穿合适的长袖工作服，衣服和袖口必须扣好；穿劳动保护鞋； （4）及时检查防护工具完好、充足；

续表

编号	作业步骤	危害因素	可能导致的后果	风险评价					控制措施
				L	*E*	*C*	*D*	风险程度	
4	准备合适的防护用具	（1）介质泄漏； （2）高处落物	（1）导致人员伤害或设备异常； （2）物体打击、摔伤、烫伤、化学伤害、碰撞、淹溺、坠落伤害、落物伤害	3	6	7	126	3	（5）必要时带上手电筒； （6）必要时使用面罩
二	操作内容								
1	现场观察环境	介质泄漏、异常情况（异常声响、异常气味等）	人员伤害	3	1	15	45	2	（1）若已存在外漏无法控制，停止操作、汇报； （2）在没有确认泄漏程度时不准靠近泄漏点； （3）漏点设置警示标识
2	再次核对操作对象	误动非操作对象	（1）烫伤； （2）其他伤害	3	1	15	45	2	按规定执行操作监护
3	阀门关闭操作	（1）操作过程中出现泄漏； （2）操作中跌倒； （3）阀钩滑脱； （4）操作中碰到周围高温热体； （5）高处落物	（1）烫伤； （2）跌伤； （3）物体打击	1	3	3	9	1	（1）检查周边高温管、阀保温完整，设置警示标识； （2）尽量避免靠近或接触高温物体； （3）选择合理的操作位置，不准站在阀杆的正对面；操作平台装设防护栏，缺损格栅补全；

续表

编号	作业步骤	危害因素	可能导致的后果	风险评价					控制措施
				L	*E*	*C*	*D*	风险程度	
3	阀门关闭操作	（1）操作过程中出现泄漏； （2）操作中跌倒； （3）阀钩滑脱； （4）操作中碰到周围高温热体； （5）高处落物	（1）烫伤； （2）跌伤； （3）物体打击	1	3	3	9	1	（4）考虑好泄漏、爆裂时的避让或撤离路线必须通畅； （5）不得正对或靠近泄漏点； （6）操作时远离疏放水口； （7）隔离已在泄漏的高温高压阀门时，必须有两人进行； （8）在隔离已发生泄漏的阀门时，首先确定汽流方向，在确定不被烫伤时方可进行操作； （9）在泄漏声较大或刺耳时应戴耳塞，环境恶劣处保证充足的照明； （10）当汽包小室、减温器小室已弥漫着大量蒸汽时，操作阀门应防止窒息，操作时感到胸闷或头晕时应立即停止操作并迅速撤离到通风场所； （11）备置吸油棉
4	阀门开启操作	（1）发生水击爆炸； （2）操作过程中出现泄漏； （3）操作中跌倒； （4）阀钩滑脱； （5）操作中碰到周围热体； （6）高处落物	（1）泄漏烫伤； （2）爆炸； （3）跌伤； （4）物体打击	1	3	15	45	2	（1）查系统上已无人工作，设置警示标识； （2）检查周边高温管、阀门保温完整； （3）尽量避免靠近或接触高温物体； （4）选择合理的操作位置； （5）缓慢均匀地开启阀门，对管道和容器进行预暖缓慢操作，避免管系冲击损坏；

续表

编号	作业步骤	危害因素	可能导致的后果	风险评价					控制措施
				L	*E*	*C*	*D*	风险程度	
4	阀门开启操作	（1）发生水击爆炸； （2）操作过程中出现泄漏； （3）操作中跌倒； （4）阀钩滑脱； （5）操作中碰到周围热体； （6）高处落物	（1）泄漏烫伤； （2）爆炸； （3）跌伤； （4）物体打击	1	3	15	45	2	（6）预暖结束后方可缓慢均匀地将阀门开足； （7）考虑好泄漏、爆裂时的撤离线路； （8）不得正对或靠近泄漏点； （9）操作时远离疏放水口； （10）环境恶劣处保证充足的照明； （11）备置吸油棉
5	高处阀门	（1）高处作业危害； （2）工具失落； （3）上下交叉作业； （4）操作过程中出现泄漏； （5）操作中跌倒； （6）阀钩滑脱； （7）操作中碰到周围高温热体； （8）高处落物	（1）高处坠落； （2）物体打击； （3）烫伤； （4）跌伤	3	3	15	135	3	（1）使用合格的移动操作台； （2）高处操作时悬挂安全带； （3）检查周边高温管道、阀门保温完整； （4）尽量避免接触高温物体； （5）选择合理的操作位置； （6）采用正确的操作方法； （7）缓慢操作，避免管系冲击损坏； （8）考虑好泄漏、爆裂时的撤离线路； （9）不得正对或靠近泄漏点，操作时远离疏放水口
6	空间受限阀门	（1）身体不能充分舒展； （2）光线不够充分	绊跌、碰撞、滑倒、淹溺、坠落伤害	3	1	3	9	1	（1）使用充足照明； （2）安排操作监护；

续表

编号	作业步骤	危害因素	可能导致的后果	风险评价					控制措施
				L	*E*	*C*	*D*	风险程度	
6	空间受限阀门	（1）身体不能充分舒展； （2）光线不够充分	绊跌、碰撞、滑倒、淹溺、坠落伤害	3	1	3	9	1	（3）检查周边高温管道、阀门保温完整； （4）尽量避免接触高温物体； （5）选择合理的操作位置； （6）采用正确的操作方法； （7）缓慢操作，避免管系冲击损坏； （8）考虑好泄漏、爆裂时的撤离线路； （9）不得正对或靠近泄漏点； （10）操作时远离疏放水口
7	高压油系统阀门操作	（1）高压油泄漏； （2）地面滑	（1）泄漏； （2）化学污染伤害，地面积油滑跌	3	1	3	9	1	（1）及时清理泄漏油污； （2）不得直接接触各种油类； （3）口、眼、鼻溅入油类及时冲洗并就医； （4）检查周边高温管、阀保温完整； （5）选择合理的操作位置； （6）采用正确的操作方法； （7）缓慢操作，避免管系冲击； （8）考虑好泄漏、爆裂时的撤离线路； （9）不得正对或靠近泄漏点

续表

编号	作业步骤	危害因素	可能导致的后果	风险评价					控制措施
				L	*E*	*C*	*D*	风险程度	
三	以往发生的事件								
1	3号机组减温水调阀阀杆填料吹损隔离操作	大量蒸汽泄漏	（1）烫伤； （2）窒息； （3）刺耳	6	6	1	36	2	（1）操作必须由两个有经验的人进行，一人操作，一人监护； （2）正确佩戴安全帽； （3）穿合适的长袖工作服，衣服和袖口必须扣好； （4）戴防护手套； （5）穿劳动保护鞋； （6）必要时带上手电筒； （7）必要时使用防护面罩； （8）在泄漏声较大或刺耳时应戴耳塞； （9）确认泄漏汽流方向，选择合适的操作位置，确保不被烫伤后方可进行操作； （10）当减温器小室已弥漫着大量蒸汽时，应防止操作人员窒息；当操作时感到胸闷或头晕时，应立即停止操作并迅速撤离到通风场所； （11）当操作人员发生意外伤害时，监护人员应立即汇报值长并请求救护人员到场； （12）在有泄漏蒸汽的空间内防止窒息

9 阀门检修（锅炉系统截止阀、球阀）

主要作业风险： （1）高温烫伤； （2）脚手架坍塌； （3）物体打击； （4）设备损坏	控制措施： （1）工作中正确的佩戴好劳保防护用品； （2）上脚手架前检查脚手架是否牢固、可靠，工作中正确的系好安全带； （3）设专人指挥起吊，避免吊物下站人； （4）工作中注重成品保护

编号	作业步骤	危害因素	可能导致的后果	风险评价					控制措施
				L	*E*	*C*	*D*	风险程度	
一	检修前准备								
1	确认安全措施执行完毕	（1）系统未完全隔离； （2）阀门管道内未泄压到零	（1）设备事故； （2）人身伤害	3	0.5	15	22.5	2	（1）办理检修工作票； （2）双人共同确认安全措施执行情况
2	准备手动工具	（1）手动工具如敲击扳手、榔头松脱、破损等； （2）使用不合适工具，小型工具准备不全或遗漏等	（1）人身伤害； （2）设备损坏	3	1	1	3	1	（1）使用前确认工具型号和标示； （2）使用前确认工具完好、合格
3	准备电（气）动工具	（1）不熟悉使用电动、气动工具； （2）电动、气动工具不符合要求（如电动工具的电源线破损、绝缘和接地不良，气动工具气管破损、接口松动或磨损）；	（1）触电伤害； （2）机械伤害； （3）其他人身伤害	3	3	15	135	3	（1）仔细阅读工具说明书，掌握正确使用方法； （2）使用前检查电源线、接地和其他部件良好，经检验合格、在有效期内；

续表

编号	作业步骤	危害因素	可能导致的后果	风险评价					控制措施
				L	*E*	*C*	*D*	风险程度	
3	准备电（气）动工具	（3）工具或工具易损件质量不良； （4）电源无触电保护或工具、设备无接地保护； （5）使用时砂轮片、切割片断裂飞出，未正确的使用劳保用品	（1）触电伤害； （2）机械伤害； （3）其他人身伤害	3	3	15	135	3	（3）电源盘等必须使用漏电保护器； （4）确认消耗品（如砂轮片、切割片）的质量，正确使用劳保防护用品（如防护眼镜、面罩等）
4	布置场地	（1）工具摆放凌乱； （2）场地选择不当（如照明不足）等	（1）人身伤害； （2）影响人员通行	6	3	3	54	2	（1）严格执行定置管理要求； （2）进场前进行确认、检查； （3）正确使用工器具
5	安全交底	工作前未对施工人员进行安全技术交底或交底不清楚	（1）人身伤害； （2）设备损坏； （3）走错间隔	1	6	15	90	3	（1）工作前做好危险源分析； （2）工作前对施工人员做好详细的安全技术交底
6	个人防护用品准备	（1）未正确佩戴安全帽及工作服； （2）使用不合格的安全带	（1）人身伤害； （2）高处坠落	3	0.5	15	22.5	2	（1）正确佩戴安全帽及工作服； （2）使用在安全使用期内的安全带，并正确挂好安全带
二	检修过程								
1	拆除截止阀大盖法兰连接螺栓	（1）使用工具不当； （2）工作中工具滑脱； （3）零部件遗失、错位	（1）人身伤害； （2）设备损坏； （3）影响工作进度	3	3	7	63	2	（1）手动工具系好安全绳； （2）阀门解体前做好标记； （3）拆卸下的部件进行定置管理

续表

编号	作业步骤	危害因素	可能导致的后果	风险评价					控制措施
				L	*E*	*C*	*D*	风险程度	
2	将截止阀阀杆、阀芯取出	（1）阀芯密封面被旁边的金属利器磕坏； （2）阀门大盖从阀杆上下滑	（1）设备损坏； （2）人身伤害	3	3	7	63	2	（1）阀芯取出应立刻用布条进行包扎好，并放置于牢固处； （2）阀芯、阀杆取出过程中做好防止物件滑落的有效措施
3	拆压阀杆盘根	操作不当，造成阀杆盘根支撑环破损	设备损坏	1	3	3	9	1	（1）严格执行操作技能培训； （2）正确使用工器具
4	拆除手轮，检查阀杆弯曲值	（1）操作不当，造成阀杆螺纹卡坏； （2）误操作	（1）人身伤害； （2）设备损坏	1	3	15	45	2	（1）正确使用安全帽、安全鞋等防护用品； （2）合理的安排工作流程； （3）严格执行施工人员操作技能培训
5	原先堵漏点进行管理检修需要动火	（1）未使用正确的劳动保护用品； （2）附近有易燃易爆气体或易燃物； （3）附近有带电设备； （4）没有使用防火垫； （5）交叉作业或登高作业； （6）动火设备不符合要求，如电焊机接线破损、接头接线不符合要求、接地不良等；	（1）火灾； （2）灼烫； （3）化学爆炸； （4）落物伤人等引起的人身伤害	6	2	40	480	5	（1）制定严格的动火工作票制度，执行安全措施，监护人到位； （2）作业人员必须参加动火作业培训； （3）做好必要的防火措施，如使用防火垫和警示牌挂好； （4）检查气割工具是否符合要求，交叉作业时沟通和设置警示标语

续表

编号	作业步骤	危害因素	可能导致的后果	风险评价					控制措施
				L	E	C	D	风险程度	
5	原先堵漏点进行管理检修需要动火	(7) 没有穿戴或使用不合适的工作服、防护鞋、防护眼镜和面罩等； (8) 渣体飞溅，没有一定范围的防火措施； (9) 动火时火星复燃； (10) 氧气、乙炔瓶距离太近； (11) 气体钢瓶没有固定好； (12) 未穿戴必要的个人防护用品； (13) 皮管老化、受损，无氧气减压器和乙炔回火器	(1) 火灾； (2) 灼烫； (3) 化学爆炸； (4) 落物伤人等引起的人身伤害	6	2	40	480	5	(1) 制定严格的动火工作票制度，执行安全措施，监护人到位； (2) 作业人员必须参加动火作业培训； (3) 做好必要的防火措施，如使用防火垫和警示牌挂好； (4) 检查气割工具是否符合要求，交叉作业时沟通和设置警示标语
6	设备部件清洗及阀门密封面手动研磨	(1) 重物伤人； (2) 设备锋利棱角割伤； (3) 化学清洗剂伤害	(1) 人身伤害； (2) 设备损坏	1	3	7	21	1	(1) 正确使用劳保防护用品（手套、防护镜等）； (2) 合理安排工作流程； (3) 对工作人员进行详细的安全技术交底
7	阀门研磨（电动研磨）	(1) 不熟悉和不正确使用电（气）动工具； (2) 工具或工具易损件质量不良；	(1) 触电； (2) 机械伤害； (3) 设备损坏	1	3	3	9	1	(1) 了解设备内部结构； (2) 学习工具使用说明书，并能正确地使用；

续表

编号	作业步骤	危害因素	可能导致的后果	风险评价					控制措施
				L	*E*	*C*	*D*	风险程度	
7	阀门研磨（电动研磨）	（3）电源无触电保护盒，工具设备无接地保护； （4）使用时如电动研磨片等断裂飞出； （5）未使用正确的劳动保护用品	（1）触电； （2）机械伤害； （3）设备损坏	1	3	3	9	1	（3）使用前检查电源线、接地和其他部件良好； （4）电源盘等必须使用漏电保护器，发现失灵严禁使用和自行进行处理； （5）使用正确的劳动防护用品如眼镜等
8	阀门回装（阀门解体的逆过程）								
三	恢复检验								
1	检查、恢复阀门各系统	（1）走错间隔； （2）误操作； （3）措施不完善	（1）设备事故； （2）人身伤害	6	1	4	24	2	（1）终结工作票，确认恢复安全措施； （2）办理工作票回押手续； （3）办理试运单，调试各个阀门行程
四	作业环境								
1	阀门阀芯、阀座密封面研磨	润滑油、研磨膏污染环境	环境污染	1	6	7	42	2	（1）阀芯、阀座清洗过的煤油必须倒入废油桶，不得随意倾倒； （2）研磨过的研磨膏及擦拭的抹布倒入垃圾桶，不得随意乱扔
2	高温	高温汽水容易导致烫伤	人身伤害	6	2	7	84	3	正确佩戴劳保用品，防护烫伤

续表

编号	作业步骤	危害因素	可能导致的后果	风险评价					控制措施
				L	*E*	*C*	*D*	风险程度	
3	高处作业	阀门解体检修工作中易发生高处坠落	高处坠落	1	3	7	21	2	工作中正确系好安全带（安全带必须挂在牢固的地方，做到高挂低用）
4	粉尘环境	（1）设备打磨清理产生的灰尘及废弃物； （2）清洗阀门内部时，煤油等挥发产生的气体； （3）呼吸系统保护不当	（1）导致呼吸系统疾病或眼睛功能异常； （2）设备进污染物导致故障	3	1	6	18	1	（1）定期进行体检； （2）加强个人防护工作； （3）及时进行有效的清理； （4）佩戴正确类型的防护口罩

10 阀门检修（锅炉系统调节阀）

主要作业风险： （1）起重伤害； （2）高温烫伤； （3）高处坠落； （4）触电伤害	控制措施： （1）起重前确认设备重量，重物下禁止站人； （2）工作中正确的佩戴好劳保防护用品； （3）工作中正确的系好安全带； （4）检修前先验电

编号	作业步骤	危害因素	可能导致的后果	风险评价					控制措施
				L	*E*	*C*	*D*	风险程度	
一	检修前准备								
1	确认安全措施执行完毕	（1）系统未完全隔离； （2）管道压力未泄压到零	（1）设备事故； （2）人身伤害	3	0.5	15	22.5	2	（1）办理检修工作票； （2）双人共同确认安全措施执行情况
2	准备手动工具	（1）手动工具，如敲击扳手、榔头松脱、破损等； （2）使用不合适工具，小型工具准备不全或遗漏等	（1）人身伤害； （2）设备损坏	3	1	1	3	1	（1）使用前确认工具型号和标示； （2）使用前确认工具完好、合格
3	准备电（气）动工具	（1）不熟悉使用电动、气动工具； （2）电动、气动工具不符合要求（如电动工具的电源线破损、绝缘和接地不良，气动工具气管破损、接口松动或磨损）；	（1）触电伤害； （2）机械伤害； （3）其他人身伤害	3	3	15	135	3	（1）仔细阅读工具说明书，掌握正确使用方法； （2）使用前检查电源线、接地和其他部件良好，经检验合格、在有效期内；

续表

编号	作业步骤	危害因素	可能导致的后果	风险评价					控制措施
				L	E	C	D	风险程度	
3	准备电（气）动工具	（3）工具或工具易损件质量不良； （4）电源无触电保护或工具、设备无接地保护； （5）使用时砂轮片、切割片断裂飞出； （6）不正确地使用劳保用品	（1）触电伤害； （2）机械伤害； （3）其他人身伤害	3	3	15	135	3	（3）电源盘等必须使用漏电保护器； （4）确认消耗品（如砂轮片、切割片）的质量，正确使用劳保防护用品（如防护眼镜、面罩等）
4	布置场地	（1）工具摆放凌乱； （2）场地选择不当（照明不足）等	（1）人身伤害； （2）影响人员通行	6	3	3	54	2	（1）严格执行定置管理要求； （2）进场前进行确认、检查； （3）正确使用工器具
5	安全交底	工作前未对施工人员进行安全技术交底	（1）人身伤害； （2）设备损坏	1	6	15	90	3	（1）工作前做好危险源分析； （2）工作前对施工人员做好安全技术交底
6	个人防护用品准备	（1）未正确佩戴安全帽及工作服； （2）使用不合格的安全带	（1）人身伤害； （2）高处坠落	3	0.5	15	22.5	2	（1）正确佩戴安全帽及工作服； （2）使用在安全使用期内的安全带，并正确挂好安全带
二	检修过程								
1	拆除执行机构与阀门连接	（1）使用工具不当； （2）工作中工具滑脱； （3）零部件遗失、错位	（1）人身伤害； （2）设备损坏； （3）影响工作进度	3	2	1	6	1	（1）手动工具系好安全绳； （2）阀门解体前做好标记； （3）拆卸下的部件进行定置管理

续表

编号	作业步骤	危害因素	可能导致的后果	风险评价					控制措施
				L	*E*	*C*	*D*	风险程度	
2	阀门执行机构吊装	(1) 吊装装置失灵(手拉链条葫芦链条失灵、滑脱); (2) 误操作	(1) 人身伤害; (2) 设备损坏	3	3	7	63	2	(1) 严格执行《起重安全控制程序》; (2) 工作中指挥、信号正确; (3) 精力集中; (4) 设围栏、监护人，与检修无关人员不得入内
3	拆除阀杆连接螺母	操作不当，造成螺纹卡坏	设备损坏	1	3	3	9	1	(1) 严格执行操作技能培训; (2) 正确使用工器具
4	拆除阀门大盖连接螺栓	(1) 使用工具不当; (2) 工作中工具滑脱; (3) 零部件遗失、错位	(1) 人身伤害; (2) 设备损坏; (3) 影响工作进度	3	3	7	63	2	(1) 手动工具系好安全绳; (2) 阀门解体前做好标记; (3) 拆卸下的部件进行定置管理
5	设备部件清洗及阀门密封面研磨	(1) 重物伤人; (2) 设备锋利棱角割伤; (3) 化学清洗剂伤害	(1) 人身伤害; (2) 设备损坏	1	3	7	21	1	(1) 正确使用劳保防护用品(手套、防护镜等); (2) 合理安排工作流程; (3) 对工作人员进行详细的安全技术交底
6	阀门回装(阀门解体的逆过程)								
三	恢复检验								
1	检查、恢复阀门各系统	(1) 走错间隔; (2) 误操作	(1) 设备事故; (2) 人身伤害	3	3	7	63	2	(1) 终结检修工作票; (2) 确认恢复安全措施

续表

编号	作业步骤	危害因素	可能导致的后果	风险评价					控制措施
				L	*E*	*C*	*D*	风险程度	
四	作业环境								
1	阀门阀芯、阀座密封面研磨	润滑油、研磨膏污染环境	环境污染	1	6	7	42	2	（1）阀芯、阀座清洗过的煤油必须倒入废油桶，不得随意倾倒； （2）研磨过的研磨膏及擦拭的抹布倒入垃圾桶，不得随意乱扔
2	高处作业	阀门解体检修工作中易发生高处坠落	高处坠落	1	3	7	21	2	工作中正确系好安全带（安全带必须挂在牢固的地方，做到高挂低用）

11 阀门检修（锅炉系统闸阀）

主要作业风险： （1）高温烫伤； （2）脚手架坍塌； （3）高处落物	控制措施： （1）工作中正确佩戴好劳保防护用品； （2）上脚手架前检查脚手架是否牢固、可靠，工作中正确系好安全带； （3）工作中使用工具包，小型机工具及零配件放工具包内

编号	作业步骤	危害因素	可能导致的后果	风险评价					控制措施
				L	*E*	*C*	*D*	风险程度	
一	检修前准备								
1	确认安全措施执行完毕	（1）系统未完全隔离； （2）阀门管道内未泄压到零	（1）设备事故； （2）人身伤害	3	0.5	15	22.5	2	（1）办理检修工作票； （2）双人共同确认安全措施执行情况
2	准备手动工具	（1）手动工具，如敲击扳手、榔头松脱、破损等； （2）使用不合适工具，小型工具准备不全或遗漏等	（1）人身伤害； （2）设备损坏	3	1	1	3	1	（1）使用前确认工具型号和标示； （2）使用前确认工具完好、合格
3	准备电（气）动工具	（1）不熟悉使用电动、气动工具； （2）电动、气动工具不符合要求（如电动工具的电源线破损、绝缘和接地不良，气动工具气管破损、接口松动或磨损）；	（1）触电伤害； （2）机械伤害； （3）其他人身伤害	3	3	15	135	3	（1）仔细阅读工具说明书，学会正确使用方法； （2）使用前检查电源线、接地和其他部件良好，经检验合格在有效期内；

续表

编号	作业步骤	危害因素	可能导致的后果	风险评价					控制措施
				L	*E*	*C*	*D*	风险程度	
3	准备电（气）动工具	（3）工具或工具易损件质量不良； （4）电源无触电保护或工具、设备无接地保护； （5）使用时砂轮片、切割片断裂飞出； （6）未正确地使用劳保用品	（1）触电伤害； （2）机械伤害； （3）其他人身伤害	3	3	15	135	3	（3）电源盘等必须使用漏电保护器； （4）确认消耗品（如砂轮片、切割片）的质量； （5）正确使用劳保防护用品（如防护眼镜、面罩等）
4	布置场地	（1）工具摆放凌乱； （2）场地选择不当（如照明不足）等	（1）人身伤害； （2）影响人员通行	6	3	3	54	2	（1）严格执行定置管理要求； （2）进场前进行确认、检查； （3）正确使用工器具
5	安全交底	工作前未对施工人员进行安全技术交底或交底不清楚	（1）人身伤害； （2）设备损坏； （3）走错间隔	1	6	15	90	3	（1）工作前做好危险源分析； （2）工作前对施工人员做好详细的安全技术交底
6	个人防护用品准备	（1）未正确佩戴安全帽及工作服； （2）使用不合格的安全带	（1）人身伤害； （2）高处坠落	3	0.5	15	22.5	2	（1）正确佩戴安全帽及工作服； （2）使用在安全使用期内的安全带，并正确挂好安全带
二	检修过程								
1	拆除闸阀大盖法兰连接螺栓	（1）使用工具不当； （2）工作中工具滑脱； （3）零部件遗失、错位	（1）人身伤害； （2）设备损坏； （3）影响工作进度	3	3	7	63	2	（1）手动工具系好安全绳； （2）阀门解体前做好标记； （3）拆卸下的部件进行定置管理

续表

编号	作业步骤	危害因素	可能导致的后果	风险评价					控制措施
				L	*E*	*C*	*D*	风险程度	
2	将闸阀阀杆、阀芯取出	（1）阀芯密封面被旁边的金属利器磕坏； （2）阀门大盖从阀杆上下滑	（1）设备损坏； （2）人身伤害	3	3	7	63	2	（1）阀芯取出应立刻用布条进行包扎好并放置于牢固处； （2）阀芯、阀杆取出过程中做好防止物件滑落的有效措施
3	拆压阀杆盘根的压盖	操作不当，造成阀杆盘根支撑环破损	设备损坏	1	3	3	9	1	（1）严格执行操作技能培训； （2）正确使用工器具
4	拆除手轮，检查阀杆弯曲值	（1）操作不当，造成阀杆螺纹卡坏； （2）误操作	（1）人身伤害； （2）设备损坏	1	3	15	90	3	（1）正确使用安全帽、安全鞋等防护用品； （2）合理安排工作流程； （3）严格执行施工人员操作技能培训
5	设备部件清洗及阀门密封面研磨	（1）重物伤人； （2）设备锋利棱角割伤； （3）化学清洗剂伤害	（1）人身伤害； （2）设备损坏	1	3	3	9	1	（1）正确使用劳保防护用品（手套、防护镜等）； （2）合理安排工作流程； （3）对工作人员进行详细的安全技术交底
6	阀门回装（阀门解体的逆过程）								
三	恢复检验								
1	检查、恢复阀门各系统	（1）走错间隔； （2）误操作	（1）设备事故； （2）人身伤害	3	3	7	63	2	（1）终结检修工作票； （2）确认恢复安全措施

续表

编号	作业步骤	危害因素	可能导致的后果	风险评价					控制措施
				L	*E*	*C*	*D*	风险程度	
四	作业环境								
1	阀门阀芯、阀座密封面研磨	润滑油、研磨膏污染环境	环境污染	1	6	7	42	2	（1）阀芯、阀座清洗过的煤油必须倒入废油桶，不得随意倾倒； （2）研磨过的研磨膏及擦拭的抹布倒入垃圾桶，不得随意乱扔
2	高处作业	阀门解体检修工作中易发生高处坠落	高处坠落	1	3	7	21	2	工作中正确系好安全带（安全带必须挂在牢固的地方，做到高挂低用）

12 阀门检修（汽轮机系统截止阀、球阀、调节阀）

<table>
<tr><td colspan="5">**主要作业风险：**
（1）设备损坏；
（2）起重伤害；
（3）人身伤害；
（4）物体打击；
（5）机械伤害；
（6）高温灼烫</td><td colspan="6">**控制措施：**
（1）正确使用个人防护用品；
（2）使用前检查手拉葫芦、钢丝绳吊扣等；
（3）吊物必须捆绑牢固，保持重心稳定；
（4）设专人指挥起吊，避免吊物下站人；
（5）设置隔离措施；
（6）加强对现场工作人员的安全培训；
（7）加强对现场工作人员的技术培训</td></tr>
<tr><th rowspan="2">编号</th><th rowspan="2">作业步骤</th><th rowspan="2">危害因素</th><th rowspan="2">可能导致的后果</th><th colspan="5">风险评价</th><th rowspan="2">控制措施</th></tr>
<tr><th>*L*</th><th>*E*</th><th>*C*</th><th>*D*</th><th>风险程度</th></tr>
<tr><td>一</td><td colspan="3">检修前准备</td><td></td><td></td><td></td><td></td><td></td><td></td></tr>
<tr><td>1</td><td>切断电源，设备隔离完全</td><td>（1）拉错开关，走错间隔或误送电导致设备带电或误动；
（2）分闸时引起着火；
（3）误碰其他有电部位产生电弧；
（4）设备未隔离</td><td>（1）设备损害；
（2）人身伤害；
（3）火灾</td><td>6</td><td>1</td><td>7</td><td>42</td><td>2</td><td>（1）办理工作票；
（2）双人共同确认检修开关，验电和挂警示牌，确认设备进口阀门关闭；
（3）使用个人防护用品，如绝缘手套、绝缘鞋、面罩和防电弧服</td></tr>
<tr><td>2</td><td>准备手动工具</td><td>（1）手动工具如敲击工具锤头松脱、破损等；
（2）使用不合适工具，小工具准备不全或遗漏等</td><td>（1）人身伤害；
（2）设备损坏</td><td>6</td><td>2</td><td>7</td><td>84</td><td>3</td><td>（1）使用前确认工具型号和标示；
（2）使用前确认工具完好合格</td></tr>
</table>

续表

编号	作业步骤	危害因素	可能导致的后果	风险评价					控制措施
				L	*E*	*C*	*D*	风险程度	
3	准备电动工具	(1) 电动工具不符合要求，如电线破损、绝缘和接地不良； (2) 电源无触电保护或/和工具设备无接地保护； (3) 使用时如砂轮片、切割片等断裂飞出	(1) 触电； (2) 机械伤害； (3) 人身伤害	3	2	15	90	3	(1) 使用前检查电源线、接地和其他部件良好，经检验合格在有效期内； (2) 电源盘等必须使用漏电保护器； (3) 确保易耗品，如砂轮片、切割片的质量； (4) 正确使用劳动防护用品，如眼镜、面罩等
4	布置场地	(1) 工具摆放凌乱； (2) 场地选择不当，如场地条件不足（照明等）	(1) 人身伤害； (2) 影响人员通行	6	1	15	90	3	(1) 严格执行定置管理要求； (2) 进场前进行确认检查； (3) 正确使用工器具
5	准备吊装	(1) 吊钩和卡扣损坏引起葫芦脱扣砸人； (2) 手拉葫芦、钢丝绳断裂； (3) 起吊物重心不稳或绑扎不当； (4) 物件过重超载	(1) 起重伤害； (2) 人身伤害	3	2	7	42	2	(1) 使用前检查手拉葫芦、钢丝绳吊扣等； (2) 戴防护手套、安全帽； (3) 吊物必须捆绑牢固，保持重心稳定； (4) 设专人指挥起吊，避免吊物下站人； (5) 设置隔离措施
6	测氢	(1) 空气中氢气含量超标； (2) 机械作业时容易引起爆炸	(1) 人身伤害； (2) 设备故障； (3) 火灾	3	2	3	18	1	(1) 严格执行测氢工序； (2) 个人防护用品佩戴要正确； (3) 检查易燃易爆物品安全隐患

续表

编号	作业步骤	危害因素	可能导致的后果	风险评价					控制措施
				L	*E*	*C*	*D*	风险程度	
7	准备劳动防护用品并对现场工作人员进行安全交底	（1）劳保用品佩戴不当； （2）安全交底不清； （3）未进行安全交底	（1）物体打击； （2）其他伤害	3	3	7	63	2	（1）加强相互之间的监督； （2）严格遵守公司关于劳保用品正确使用的规定； （3）工作负责人必须对现场工作人员进行安全交底和技术交底，并在相关文件中签字后方可开工
二	检修过程中								
1	阀门拆除吊装，并进行研磨或更换	（1）阀门吊离时滑脱； （2）吊装时设备碰撞导致起毛刺； （3）吊钩和卡扣损坏引起葫芦脱扣砸人； （4）手拉葫芦、钢丝绳断裂； （5）起吊物重心不稳或绑扎不当； （6）物件过重超载	（1）人身伤害； （2）设备伤害； （3）机械伤害； （4）起重伤害	6	1	15	90	3	（1）使用手动工具安全绳； （2）拆前做好标记； （3）拆下的部件进行定制管理； （4）穿防护鞋，戴手套； （5）使用前检查手拉葫芦、钢丝绳吊扣等； （6）吊物必须捆绑牢固，保持重心稳定； （7）设专人指挥起吊，避免吊物下站人； （8）设置隔离措施
2	原先堵漏点进行管理检修需要动火	（1）未使用正确的劳动保护用品； （2）附近有易燃易爆气体或易燃物； （3）附近有带电设备； （4）没有使用防火垫；	（1）火灾； （2）灼烫； （3）化学爆炸； （4）落物伤人等引起的人身伤害	6	2	7	84	3	（1）制定严格的动火工作票制度，执行安全措施，监护人到位； （2）作业人员必须参加动火作业培训； （3）做好必要的防火措施，如使用防火垫和警示牌挂好；

续表

编号	作业步骤	危害因素	可能导致的后果	风险评价					控制措施
				L	*E*	*C*	*D*	风险程度	
2	原先堵漏点进行管理检修需要动火	(5) 交叉作业或登高作业； (6) 动火设备不符合要求，如电焊机接线破损、接头接线不符合要求、接地不良等； (7) 没有穿戴或使用不合适的工作服、防护鞋、防护眼镜和面罩等； (8) 渣体飞溅，没有一定范围的防火措施； (9) 动火时火星复燃； (10) 氧气、乙炔瓶距离太近； (11) 气体钢瓶没有固定好； (12) 没有穿戴必要的个人防护用品； (13) 皮管老化、受损，无氧气减压器和乙炔回火器	(1) 火灾； (2) 灼烫； (3) 化学爆炸； (4) 落物伤人等引起的人身伤害	6	2	7	84	3	(4) 检查气割工具是不是符合要求； (5) 交叉作业时沟通和设置警示标语
3	阀门研磨（电动研磨）	(1) 不熟悉和未正确使用电（气）动工具； (2) 工具或工具易损件质量不良；	(1) 触电； (2) 机械伤害； (3) 设备损坏	6	1	15	90	3	(1) 了解设备内部结构； (2) 学习工具使用说明书，并能正确使用；

续表

编号	作业步骤	危害因素	可能导致的后果	风险评价					控制措施
				L	*E*	*C*	*D*	风险程度	
3	阀门研磨（电动研磨）	（3）电源无触电保护盒，工具设备无接地保护； （4）使用时如电动研磨片等断裂飞出； （5）未使用正确的劳动保护用品	（1）触电； （2）机械伤害； （3）设备损坏	6	1	15	90	3	（3）使用前检查电源线，接地和其他部件良好； （4）电源盘等必须使用漏电保护器，若发现失灵严禁使用和自行进行处理； （5）使用正确的劳动防护用品，如眼镜等
4	检查，打磨，除锈，清理设备	（1）重物伤人； （2）设备锋利棱角割伤； （3）化学清洗剂伤害	（1）人身伤害； （2）设备损坏； （3）设备丢失	3	1	15	45	2	（1）正确使用防护用品，对员工的安全意识进行有效的培训； （2）合理安排工作流程，做到有条不紊； （3）对施工人员进行详细的安全技术交底
5	阀门回装（解体逆过程）								
三	完工恢复								
1	检查恢复阀门系统措施	（1）走错间隔； （2）隔离错误； （3）措施不完善； （4）误操作	（1）人身伤害； （2）设备损坏	6	1	4	24	2	（1）终结工作票，确认恢复安全措施； （2）办理工作票回押手续； （3）办理试运单，调试各个阀门行程

续表

编号	作业步骤	危害因素	可能导致的后果	风险评价					控制措施
				L	*E*	*C*	*D*	风险程度	
2	整体调试	(1) 工作票未交给运行值班员； (2) 电源线外露； (3) 电源线盒位盖未扣严密； (4) 法兰或管道接头漏水或漏汽	(1) 触电； (2) 人身伤害； (3) 现场失火	3	2	7	42	2	(1) 严格执行工作票制度； (2) 现场专人进行监护； (3) 消防人员必须到场
3	结束工作（现场文明施工）	(1) 遗漏工器具； (2) 现场遗留检修杂物； (3) 不拆除临时用电； (4) 不结束工作票，终结工作票继续进行工作	(1) 设备损坏； (2) 人身伤害； (3) 设备故障	3	1	7	21	2	(1) 收齐检查工器具； (2) 清扫检修现场； (3) 拆除临时用电； (4) 结束工作票
四	作业环境								
1	高温	高温汽水容易导致烫伤	人身伤害	6	2	7	84	3	正确的佩戴劳保用品，防止烫伤
2	粉尘环境	(1) 设备打磨清理产生的灰尘及废弃物； (2) 清洗阀门内部时，煤油等挥发产生的气体； (3) 呼吸系统保护不当	(1) 职业危害，导致呼吸系统疾病或眼睛功能异常； (2) 设备进污染物导致故障	3	1	6	18	1	(1) 定期进行体检； (2) 加强个人的防护工作； (3) 及时进行有效的清理； (4) 佩戴正确类型的防护口罩

13 阀门检修（雨淋阀）

主要作业风险： （1）地面积水，人员滑倒； （2）设备损坏				控制措施： （1）注意地面积水，小心人员滑倒； （2）确认阀门系统是否可靠隔离					
编号	作业步骤	危害因素	可能导致的后果	风险评价					控制措施
				L	*E*	*C*	*D*	风险程度	
一	检修前准备								
1	确认安全措施执行完毕	（1）系统未完全隔离； （2）确认等离子冷却水管内无水压	（1）设备事故； （2）人身伤害	3	0.5	15	22.5	2	（1）办理检修工作票； （2）双人共同确认安全措施执行情况
2	准备手动工具	（1）手动工具（如敲击扳手、榔头）松脱、破损等； （2）使用不合适工具，小型工具准备不全或遗漏等	（1）人身伤害； （2）设备损坏	3	1	1	3	1	（1）使用前确认工具型号和标示； （2）使用前确认工具完好、合格
3	布置场地	（1）工具摆放凌乱； （2）场地选择不当（照明不足）等	（1）人身伤害； （2）影响人员通行	6	3	3	54	2	（1）严格执行定置管理要求； （2）进场前进行确认、检查； （3）正确使用工器具
4	安全交底	工作前未对施工人员进行安全技术交底	（1）人身伤害； （2）设备损坏	1	6	15	90	3	（1）工作前做好危险源分析； （2）工作前对施工人员做好安全技术交底
5	个人防护用品准备	（1）未正确佩戴安全帽及工作服；	（1）人身伤害； （2）噪声伤害	3	0.5	15	22.5	2	（1）正确佩戴安全帽及工作服；

续表

编号	作业步骤	危害因素	可能导致的后果	风险评价					控制措施
				L	E	C	D	风险程度	
5	个人防护用品准备	（2）使用不合格的安全带	（1）人身伤害； （2）噪声伤害	3	0.5	15	22.5	2	（2）使用防噪声用品（防噪声耳塞）
二	检修过程								
1	3号炉锅炉燃烧器1、2、3、4号角雨淋阀检查、维护	（1）使用工具不当； （2）工作中工具滑脱； （3）零部件遗失、错位	（1）人身伤害； （2）设备损坏； （3）影响工作进度	3	3	7	63	2	（1）手动工具系好安全绳； （2）阀门解体前做好标记； （3）拆卸下的部件进行定置管理
三	恢复检验								
1	检查、恢复阀门各系统	（1）走错间隔； （2）误操作	（1）设备事故； （2）人身伤害	1	3	7	21	2	（1）终结检修工作票； （2）确认恢复安全措施

14 钢结构保洁

<table>
<tr><td colspan="4">**主要作业风险：**
（1）灼烫；
（2）高处坠落；
（3）其他伤害</td><td colspan="6">**控制措施：**
（1）穿戴劳保用品；
（2）现场培训；
（3）执行工作票制度；
（4）遵守安全警示标识提醒；
（5）使用安全带及防坠器</td></tr>
<tr><td rowspan="2">**编号**</td><td rowspan="2">**作业步骤**</td><td rowspan="2">**危害因素**</td><td rowspan="2">**可能导致的后果**</td><td colspan="5">**风险评价**</td><td rowspan="2">**控制措施**</td></tr>
<tr><td>*L*</td><td>*E*</td><td>*C*</td><td>*D*</td><td>**风险程度**</td></tr>
<tr><td>一</td><td colspan="3">检修前准备</td><td></td><td></td><td></td><td></td><td></td><td></td></tr>
<tr><td>1</td><td>布置场地</td><td>（1）通道存有物件；
（2）乘坐电梯超员</td><td>高处坠落</td><td>1</td><td>6</td><td>15</td><td>90</td><td>3</td><td>（1）清除紧急疏散通道物件；
（2）遵守电梯使用规定，不超员超载</td></tr>
<tr><td>2</td><td>器具</td><td>（1）拖把头松动；
（2）杆子老化</td><td>高处落物</td><td>1</td><td>6</td><td>7</td><td>42</td><td>2</td><td>（1）定期检查；
（2）更换拖把</td></tr>
<tr><td>3</td><td>着装</td><td>（1）胡乱着装；
（2）安全帽没扣帽扣；
（3）穿拖鞋、高跟鞋；
（4）中午饮酒；
（5）安全带佩戴松垮；
（6）安全带过期</td><td>人身伤害</td><td>3</td><td>3</td><td>7</td><td>63</td><td>2</td><td>（1）纠正，加强人员培训；
（2）严禁酒后作业；
（3）正规佩戴安全带；
（4）定期检测；
（5）规范着装；
（6）穿软胶平底工作鞋；
（7）安全帽须系紧帽扣</td></tr>
<tr><td>4</td><td>安全交底</td><td>（1）扩大作业范围；
（2）误碰运行设备；</td><td>（1）触电；
（2）设备故障</td><td>1</td><td>6</td><td>15</td><td>90</td><td>3</td><td>（1）加强培训，全面做好安全交底；
（2）加强成品保护意识；</td></tr>
</table>

续表

编号	作业步骤	危害因素	可能导致的后果	风险评价					控制措施
				L	E	C	D	风险程度	
4	安全交底	（3）不识危险源	（1）触电； （2）设备故障	1	6	15	90	3	（3）现场监护人不得担任其他工作； （4）作业人员应被告知作业现场和工作岗位存在的危险、危害因素、防范措施及事故应急措施
二	检修过程								
1	开具工作票	（1）成员代签名； （2）负责人没带票； （3）危险源分析不彻底	无票作业	6	3	3	54	2	（1）本人签名； （2）执行工作票制度； （3）认真做好危险源辨识
2	保洁	（1）上下作业没有隔离措施； （2）防坠落保护不当； （3）上下楼梯滑落； （4）擅自动用杂用空气； （5）姿势不当，用力过猛或蛮干； （6）员工未经培训，缺乏经验； （7）使用不合适工具	（1）高处坠落； （2）人身伤害； （3）设备事故； （4）人机工程危害	1	3	15	45	2	（1）交叉作业设置隔离层； （2）使用安全带及防坠器； （3）上下楼梯要抓牢扶手； （4）严禁动用杂用空气； （5）培训采用正确姿势； （6）提供适当工具
3	在转动机械旁工作	（1）意外接触运转部件； （2）设备误启动； （3）人员误碰带电设备	（1）人身触电； （2）机械伤害	3	3	7	63	2	（1）不损坏防护围栏/防护罩； （2）遵守安全警示标识提醒； （3）与转件部位保持安全距离；

续表

编号	作业步骤	危害因素	可能导致的后果	风险评价					控制措施
				L	*E*	*C*	*D*	风险程度	
3	在转动机械旁工作	(1) 意外接触运转部件； (2) 设备误启动； (3) 人员误碰带电设备	(1) 人身触电； (2) 机械伤害	3	3	7	63	2	(4) 禁止在运行中清扫、擦拭和润滑机器的旋转和移动的部分，以及把手伸入栅栏内； (5) 清拭运转中机器的固定部分时，不准把抹布缠在手上或手指上使用
4	烟风道工作	(1) 防坠落保护使用不当； (2) 在高处受保护区域外作业； (3) 不使用安全带	(1) 高处落物； (2) 高处坠落	6	2	7	84	3	(1) 使用安全带及防坠器； (2) 无安全带系挂点的场所，设置水平或垂直安全绳
5	在安全阀旁	(1) 排气管泄漏； (2) 耳鸣； (3) 设备异常	(1) 灼烫； (2) 人身伤害	6	3	3	54	2	(1) 设置警告牌； (2) 佩戴耳塞，在高噪声区使用耳罩； (3) 定期体检； (4) 清扫人员不准接近该设备或在该设备附近逗留
6	润滑油站旁	(1) 漏油； (2) 误碰仪表管； (3) 误碰按钮； (4) 打碎玻璃门	(1) 火灾； (2) 设备事故	1	6	7	42	2	(1) 遵守安全警示标识提醒； (2) 戴阻燃布手套； (3) 准备灭火器、使用阻燃垫布

续表

编号	作业步骤	危害因素	可能导致的后果	风险评价					控制措施
				L	*E*	*C*	*D*	风险程度	
7	高温管道旁	（1）踩踏高温管路； （2）管阀、管架造成碰撞； （3）作业人员处于高压蒸汽泄出位置	（1）灼烫； （2）人身伤害	3	6	7	126	3	（1）事先看好逃生通道无障碍； （2）成品保护； （3）设置警告牌，戴好安全帽； （4）应尽可能避免靠近和长时间地停留在可能受到烫伤的地方，以及可能受到有毒有害气体、污染物损害或强酸、强碱泄漏伤害的地方
8	拖把清洗	（1）掉落孔洞； （2）跌绊； （3）电梯出入误碰灯泡； （4）清洗时拖把杆伤人	人身伤害	2	3	7	42	2	（1）设置安全围栏； （2）设置安全警示标志、标识等； （3）交叉作业及时沟通
三	完工恢复								
1	结束工作	（1）拖把扔在走道； （2）防坠器钢丝绳没有缩回； （3）随身垃圾小桶倒翻； （4）现场遗留检修杂物； （5）工作票不及时终结	（1）其他伤害； （2）高处落物； （3）人身伤害	2	3	3	18	1	（1）及时收回工具； （2）及时清理垃圾桶； （3）结束工作票
四	作业环境								
1	暴露在高噪声环境下作业	（1）发电厂生产噪声； （2）员工未佩戴护耳器	职业危害，如听力下降、致聋	6	6	3	108	3	（1）完善降噪措施； （2）佩戴护耳器； （3）定期进行噪声监测； （4）对员工进行听力基础及比较测试

续表

编号	作业步骤	危害因素	可能导致的后果	风险评价					控制措施
				L	*E*	*C*	*D*	风险程度	
2	粉尘环境	（1）锅炉管路泄漏产生粉尘； （2）炉底渣散落/飞灰泄漏； （3）灰尘清理不当； （4）呼吸系统保护不当	职业危害，导致呼吸系统疾病或眼睛伤害，如肺脏功能减低、鼻/喉发炎、皮炎	6	6	3	108	3	（1）采取控制粉尘措施，加强日常维护； （2）佩戴防尘口罩、呼吸器等； （3）定期进行粉尘监测； （4）定期体检； （5）及时清扫地面，清理积灰
3	接触高温高压蒸汽	（1）正常运行时管道/法兰裂开； （2）未正确隔离； （3）检修时割破管道/管道爆裂； （4）密封件故障	（1）灼烫； （2）职业危害	1	6	7	42	2	（1）执行工作票，正确隔离； （2）穿戴个人防护用品，如长袖衣服、长裤、隔热服和防护眼镜等； （3）工作时采取隔热措施； （4）日常检验/压力容器检验

15 钢结构防腐

主要作业风险： （1）高处落物； （2）火灾； （3）高处坠落； （4）人身触电									控制措施： （1）使用工具包； （2）作业点不许有动火； （3）高处作业必须系好安全带； （4）使用合格的电动工具
编号	作业步骤	危害因素	可能导致的后果	风险评价					控制措施
				L	*E*	*C*	*D*	风险程度	
一	检修前准备								
1	工器具	（1）电动工具使用不当； （2）电动工器具没检测； （3）临时用电接线方式不符要求； （4）电源负荷过载	（1）触电； （2）人身伤害	3	6	7	126	3	（1）加强培训，正确使用工器具； （2）定期检测，标识清晰； （3）选择合适的操作器具； （4）检查所用工具必须完好并使用触电保护器； （5）非电气人员禁止电气作业； （6）验电
2	布置场地	（1）通道不平； （2）光线不足； （3）检修场地铺垫不充分； （4）作业区域无安全围栏	人机工程危害	3	2	7	42	2	（1）维护厂区道路平整； （2）照明充足； （3）定置作业； （4）设置安全警示围栏及警告牌
3	安全交底	（1）扩大作业范围； （2）误碰运行设备；	（1）人身伤害； （2）设备故障	1	6	15	90	3	（1）加强培训，做好危险源分析与安全防范措施交底；

续表

编号	作业步骤	危害因素	可能导致的后果	风险评价					控制措施
				L	*E*	*C*	*D*	风险程度	
3	安全交底	（3）辨识危险源不详尽	（1）人身伤害； （2）设备故障	1	6	15	90	3	（2）加大成品保护意识，提高安全作业技能； （3）现场监护人不许担任其他工作； （4）作业人员应被告知作业现场和工作岗位存在的危险、危害因素、防范措施及事故应急措施
4	穿戴劳动防护用品	（1）过期使用； （2）配置不全	人身伤害	3	2	15	90	3	（1）定检、更换； （2）着装整齐，安全帽、安全带佩戴规范
5	材料运输	（1）无证操作； （2）姿势不正确； （3）车速过快； （4）道路颠簸倾翻； （5）货物装载没捆绑； （6）现场堆放无定置点； （7）行驶不遵守厂内交通标志	车辆伤害	3	6	7	126	3	（1）持证上岗； （2）保持正确驾驶姿势； （3）严格遵守厂内交通标志； （4）慢速行驶，捆绑牢固； （5）材料进入堆放定置点； （6）执行司机安全操作规定； （7）材料、废料分类摆放
二	检修过程								
1	开票	（1）成员代签名； （2）现场没带票； （3）安全交底不完全；	无票作业	6	3	3	54	2	（1）作业人员本人签名，接受安全交底； （2）严格执行工作票制度； （3）认真做好危险源辨识和落实防范措施；

续表

编号	作业步骤	危害因素	可能导致的后果	风险评价					控制措施
				L	E	C	D	风险程度	
1	开票	(4) 工作票超期； (5) 票面胡乱涂改	无票作业	6	3	3	54	2	(4) 严控习惯性违章； (5) 保持票面整洁、齐全
2	登高作业	(1) 临时用铁桶或凳子代替架子； (2) 上下作业导致高处落物； (3) 临边缺乏合适围栏； (4) 防坠落保护不当； (5) 跨越架子栏杆外作业； (6) 不用或未正确使用安全带	(1) 高处坠落； (2) 其他伤害	3	6	7	126	3	(1) 高于1.5m系安全带，4m以上设置安全网； (2) 设置隔离围栏和安全警示； (3) 无安全带挂点须设置水平或垂直安全绳； (4) 立体作业做好上下层沟通，设置隔离层和安全警示，有落物击伤危险时，禁止下层作业
3	使用电动工具	(1) 不熟悉和未正确使用电动工具； (2) 电动工具不符合安全要求； (3) 工具或易损件质量不良； (4) 电源无触电保护； (5) 使用时砂轮片、切割片等断裂飞出； (6) 不穿戴劳动保护用品	(1) 触电； (2) 机械伤害； (3) 人身伤害	3	6	3	54	2	(1) 加强培训，正确使用工器具； (2) 使用前检查电源线、接地和其他部件良好，经检验合格且在有效期内； (3) 电源盘等必须使用漏电保护器； (4) 高处作业时拴有安全绳； (5) 正确佩戴防护眼镜、防尘口罩等劳动防护用品

续表

编号	作业步骤	危害因素	可能导致的后果	风险评价					控制措施
				L	*E*	*C*	*D*	风险程度	
4	手工搬运	(1) 搬运方法和搬运姿势不对； (2) 用力不当或蛮干； (3) 物件过重，未使用工器具； (4) 员工未经培训，缺乏经验	人机工程伤害	3	2	7	42	2	(1) 进行手工搬运培训； (2) 用正确姿势搬运； (3) 提供适当搬运工具
5	除锈	(1) 磨光机使用不当； (2) 钢丝砂轮球固定不牢靠； (3) 粉尘作业； (4) 铁锈、漆片飞扬进入邻近电仪箱柜； (5) 脚下打滑	(1) 人身伤害； (2) 设备损坏	6	6	3	108	3	(1) 正确使用电动工器具，不得用力过猛； (2) 更换砂轮球时必须断电，使用专用扳手装配； (3) 人员站位于上风处，戴好防尘口罩； (4) 关闭箱柜门，必要时予以包扎； (5) 身体移动时，看清站脚位置并清除杂物
6	设备油漆	(1) 使用工器具不当滑落； (2) 高处作业，不正确使用安全带； (3) 失去重心； (4) 油漆洒落； (5) 附近存在动火作业；	(1) 高处坠落； (2) 人身伤害； (3) 火灾	3	6	7	126	3	(1) 使用合格的安全带，高挂低用； (2) 由高至低施工，正确使用工器具； (3) 做好铺垫和隔离其他设备的防护措施； (4) 作业点附近 10m 范围不得有打磨、切割与动火作业； (5) 作业点有良好通风；

续表

编号	作业步骤	危害因素	可能导致的后果	风险评价					控制措施
				L	*E*	*C*	*D*	风险程度	
6	设备油漆	(6) 可燃气体高浓度聚集； (7) 着装不符合规定； (8) 无人监护； (9) 现场存放余料； (10) 不及时清除油回丝	(1) 高处坠落； (2) 人身伤害； (3) 火灾	3	6	7	126	3	(6) 防腐作业人员在爬出栏杆前必须提前佩戴好速差自控器、背带式安全带，戴好口罩、手套等防护用品，禁止身穿合成纤维的服装和使用擦布，避免静电产生火花； (7) 现场做好监护工作，在施工中执行停工待检制度； (8) 将当班未用完的防腐材料入库存放； (9) 当日工作结束，对作业区域内进行火源隐患检查，及时将沾油的回丝、手套等清理入罐并加盖； (10) 在防腐区域内动火时，必须严格执行动火许可制度； (11) 间歇作业或轮换作业； (12) 配备必要的消防器材； (13) 严禁使用钢瓶氧气作为压缩气体进行油漆喷涂作业
三	完工恢复								
1	结束工作	(1) 现场遗留检修杂物； (2) 废料不清理； (3) 临时电线不回收	其他伤害	1	3	15	45	2	(1) 余料回收、废料清理，工完场清； (2) 临时电线须拆除，盘放整齐

续表

编号	作业步骤	危害因素	可能导致的后果	风险评价					控制措施
				L	*E*	*C*	*D*	风险程度	
四	作业环境								
1	高噪声环境下作业	(1) 其他设备生产噪声； (2) 员工未佩戴护耳器； (3) 防护用品不完备	职业危害	1	6	7	42	2	(1) 完善降噪措施； (2) 佩戴护耳器； (3) 定期进行噪声监测； (4) 对员工进行听力基础及比较测试
2	接触高温高压蒸汽	(1) 正常运行时管道裂开； (2) 检修时割破管道； (3) 密封件吹损	灼烫	1	6	7	42	2	(1) 穿戴个人防护用品如长袖衣服、长裤子、隔热服和防护眼镜等； (2) 工作时采取隔热措施
3	粉尘环境	(1) 灰尘清理不当； (2) 呼吸系统保护不当	职业危害	1	6	7	42	2	(1) 佩戴防尘口罩、呼吸器等； (2) 定期体检； (3) 及时清扫地面，清理积灰

16 高温作业

主要作业风险： （1）中暑； （2）烫伤				控制措施： （1）切实落实防暑降温措施，配齐劳动保护用品，合理安排高温条件下户外作业的作业时间与作业强度，增加休息时间； （2）加强对现场工作人员的安全培训和技术交底，作业人员掌握中暑急救； （3）涉及设备高温检修时，作业人员需穿防烫服，准备冰块等措施					
编号	作业步骤	危害因素	可能导致的后果	风险评价					控制措施
				L	*E*	*C*	*D*	风险程度	
一	高温作业前准备								
1	安全措施确认	（1）阀门未完全关闭，措施落实不完整； （2）走错间隔	（1）中暑； （2）烫伤	1	3	15	45	2	（1）确认设备名称及位置； （2）核查设备安全措施执行情况； （3）测量环境温度是否适合作业
2	安全交底	（1）作业人员擅自操作； （2）不具备急救知识	人身伤害	1	3	15	45	2	对全体作业进行人员安全交底，使得每一个作业人员掌握工作内容、措施、应急方法
3	工器具准备	（1）使用不合适工具； （2）小工具准备不全或遗漏等； （3）使用过期的电动工具	（1）触电； （2）设备事故	1	3	15	45	2	（1）工器具按检修要求准备； （2）使用电动工具时查看检验日期
4	个人防护用品准备	（1）穿不合格的工作服； （2）未带防暑药品；	（1）中暑； （2）烫伤	1	3	15	45	2	（1）配置了人丹、十滴水、霍香正气水等防暑药品；

续表

编号	作业步骤	危害因素	可能导致的后果	风险评价					控制措施
				L	*E*	*C*	*D*	风险程度	
4	个人防护用品准备	（3）未准备饮用水	（1）中暑； （2）烫伤	1	3	15	45	2	（2）按要求拿用防护用品； （3）上高处系安全带
二	高温作业过程								
1	室外检修作业	（1）在曝日下作业未采取遮阳措施； （2）超长时间	中暑	6	3	15	270	4	（1）做好遮阳措施或戴遮阳帽； （2）准备足够的饮用水，及时补充水分； （3）吃适当的防暑药品； （4）合理安排作业时间和作业强度
2	高温高压设备检修	（1）走错间隔，打错人孔门螺栓； （2）未穿防烫服； （3）超长时间作业	（1）中暑； （2）烫伤	6	3	15	270	4	（1）检修前确认设备名称及位置，并确认设备已经隔离、降压； （2）进入或作业时穿好防烫服； （3）加强通风，但严禁加氧气； （4）准备足够的冰块； （5）合理安排人员互换，确保人员安全
三	完工恢复								
1	结束工作（现场文明施工）	（1）遗漏工器具； （2）现场遗留检修杂物； （3）不结束工作票，终结工作票继续进行工作	（1）设备损坏； （2）人身伤害； （3）设备故障	2	3	15	90	3	（1）收齐检查工器具； （2）清扫检修现场，做到工完料尽场地清； （3）撤离所有人员，终结工作票
四	作业环境								
1	暴晒下的高温环境下作业	气温高达35℃以上	中暑	3	3	7	63	2	尽量安排在较凉爽的时间段从事室外作业

续表

编号	作业步骤	危害因素	可能导致的后果	风险评价					控制措施
				L	*E*	*C*	*D*	风险程度	
2	高温高压区域作业	(1) 高温管道热辐射； (2) 蒸汽泄漏； (3) 高温设备检修	(1) 中暑； (2) 烫伤	3	3	7	63	2	(1) 办理工作票； (2) 作业人员严格执行“安规”和“工作票”制度； (3) 必要时还要办理特殊作业票

17 工业水管道检修

<table>
<tr><td colspan="4">主要作业风险：
（1）人身伤害；
（2）设备损坏；
（3）机械伤害；
（4）环境污染；
（5）其他伤害；
（6）物体打击</td><td colspan="6">控制措施：
（1）确认设备名称及检修的工艺要求；
（2）加强设备起重人员的管理；
（3）严格执行设备验收制度以及工作票制度；
（4）制定严格的动火工作票制度，执行安全措施，监护人到位；
（5）加强劳动防护用品的使用和规范；
（6）检修前进行细致的技术交底和安全交底</td></tr>
<tr><th rowspan="2">编号</th><th rowspan="2">作业步骤</th><th rowspan="2">危害因素</th><th rowspan="2">可能导致的后果</th><th colspan="5">风险评价</th><th rowspan="2">控制措施</th></tr>
<tr><th>L</th><th>E</th><th>C</th><th>D</th><th>风险程度</th></tr>
<tr><td>一</td><td colspan="3">检修前准备</td><td></td><td></td><td></td><td></td><td></td><td></td></tr>
<tr><td>1</td><td>准备手动工具</td><td>（1）手动工具如敲击工具锤头松脱、破损等；
（2）使用不合适工具，小工具准备不全或遗漏等</td><td>（1）人身伤害；
（2）设备损坏</td><td>6</td><td>3</td><td>3</td><td>54</td><td>2</td><td>（1）使用前确认工具型号和标示；
（2）使用前确认工具完好合格</td></tr>
<tr><td>2</td><td>准备电动工具</td><td>（1）电动工具不符合要求，如电线破损、绝缘和接地不良；
（2）电源无触电保护或/和工具设备无接地保护；
（3）使用时如砂轮片、切割片等断裂飞出</td><td>（1）触电；
（2）机械伤害；
（3）人身伤害</td><td>3</td><td>2</td><td>15</td><td>90</td><td>3</td><td>（1）使用前检查电源线、接地和其他部件良好，经检验合格在有效期内；
（2）电源盘等必须使用漏电保护器；
（3）确保易耗品，如砂轮片、切割片的质量；
（4）使用正确劳动防护用品，如眼镜、面罩等</td></tr>
</table>

续表

编号	作业步骤	危害因素	可能导致的后果	风险评价					控制措施
				L	E	C	D	风险程度	
3	准备劳动防护用品	劳保用品佩戴不当	其他伤害	3	2	3	18	1	（1）加强相互之间的监督； （2）严格遵守公司关于劳保用品正确使用的规定
4	布置场地	（1）工具摆放凌乱； （2）场地选择不当，如场地条件不足（照明等）	（1）人身伤害； （2）影响人员通行	3	3	3	27	2	（1）严格执行定置管理要求； （2）进场前进行确认检查； （3）正确使用工器具
5	进行作业前的安全交底	（1）安全交底不清楚； （2）交底的内容存在缺陷； （3）交底没有落实到每一位人员	（1）人身伤害； （2）设备损坏	3	3	3	27	2	（1）加强对人员的安全培训； （2）严格执行安全交底的有关规定
6	脚手架搭设及验收	（1）脚手架不稳或倾斜，容易导致脚手架坍塌； （2）脚手架未进行验收； （3）脚手架无合格牌； （4）大型脚手架没有进行设计和审核； （5）搭设脚手架中误碰设备	（1）人身伤害； （2）设备损坏； （3）高处坠落	3	1	40	120	3	（1）填写搭设委托单，明确搭设要求； （2）检查搭设人员有无资质； （3）搭设时戴安全帽、系安全带和防滑鞋等； （4）在设备附近搭设必须进行必要的交底； （5）经验收和挂牌即使用
7	准备劳动防护用品并对现场工作人员进行安全交底	（1）劳保用品佩戴不当； （2）安全交底不清； （3）未进行安全交底	（1）物体打击； （2）其他伤害	3	3	9	81	3	（1）加强相互之间的监督； （2）严格遵守公司关于劳保用品正确使用的规定；

续表

编号	作业步骤	危害因素	可能导致的后果	风险评价					控制措施
				L	*E*	*C*	*D*	风险程度	
7	准备劳动防护用品并对现场工作人员进行安全交底	(1) 劳保用品佩戴不当； (2) 安全交底不清； (3) 未进行安全交底	(1) 物体打击； (2) 其他伤害	3	3	7	63	2	(3) 工作负责人必须对现场工作人员进行安全交底和技术交底，并在相关文件中签字后方可开工
二	检修过程								
1	管道切割或重新固定（动火作业电焊）	(1) 附近有易燃易爆气体或易燃物； (2) 附近有带电设备； (3) 未使用防火垫； (4) 交叉作业，没有进行有效的分工和确认； (5) 动火设备不符合要求，如电焊机接线破损、接头接线不符合要求、接地不良等； (6) 没有正确佩戴工作服、防护鞋、防护眼镜和面罩等	(1) 触电，电弧灼伤； (2) 火灾； (3) 化学爆炸； (4) 高处坠落； (5) 工具和设备； (6) 中毒和窒息	3	3	15	135	3	(1) 办理动火工作票，执行安全措施，监护人到位； (2) 做好防火隔离措施，如使用防火垫和警示标识、准备灭火器等； (3) 检查电焊机是否符合要求、正确接线和接地
三	完工恢复								
1	检查、恢复设备各系统	(1) 走错间隔； (2) 误操作； (3) 操作不到位	(1) 人身伤害； (2) 设备损坏； (3) 系统无法投运，影响工作进度	3	1	7	21	2	(1) 回押工作票； (2) 确认恢复安全措施

续表

编号	作业步骤	危害因素	可能导致的后果	风险评价					控制措施
				L	E	C	D	风险程度	
2	结束工作（现场文明施工）	（1）遗漏工器具； （2）现场遗留检修杂物； （3）不拆除临时用电； （4）不结束工作票，终结工作票继续进行工作	（1）设备损坏； （2）人身伤害； （3）设备故障	6	3	1	18	1	（1）收齐检查工器具； （2）清扫检修现场； （3）拆除临时用电； （4）结束工作票
四	作业环境								
1	打磨切割	（1）切割产生的粉尘环境； （2）灰尘清理不当； （3）呼吸系统保护不当	职业危害，导致呼吸系统疾病或眼睛伤害，如尘肺、咽喉炎、皮炎等	6	1	1	6	1	（1）佩戴防尘口罩； （2）及时清扫

18 焊接作业

<table>
<tr><td colspan="4">主要作业风险：
(1) 人身伤害；
(2) 触电；
(3) 电弧灼伤</td><td colspan="6">控制措施：
(1) 正确使用磨光机；
(2) 正确使用劳动保护用品；
(3) 在潮湿地点电焊，必须站在干燥的木板上，或穿橡胶绝缘鞋；
(4) 设挡风屏，防止弧光伤害周围人员；
(5) 戴好护耳器</td></tr>
<tr><td rowspan="2">编号</td><td rowspan="2">作业步骤</td><td rowspan="2">危害因素</td><td rowspan="2">可能导致的后果</td><td colspan="5">风险评价</td><td rowspan="2">控制措施</td></tr>
<tr><td>L</td><td>E</td><td>C</td><td>D</td><td>风险程度</td></tr>
<tr><td>一</td><td colspan="3">检修前准备</td><td></td><td></td><td></td><td></td><td></td><td></td></tr>
<tr><td>1</td><td>机工具准备</td><td>(1) 焊机软线破损；
(2) 外壳无接地；
(3) 电源线破损；
(4) 电源插头损坏</td><td>(1) 触电；
(2) 设备损坏</td><td>3</td><td>1</td><td>15</td><td>45</td><td>2</td><td>(1) 禁止使用有缺陷的焊接工具及设备；
(2) 焊机外壳加接地线；
(3) 电焊线与焊机连接牢靠，不得有破损的地方；
(4) 布线时不应有被压而造成破损的可能，不得从带电、高温、高压的物体上敷设，收放线必须在切断电源的情况下沿工作线路收放，不得硬拉</td></tr>
<tr><td>2</td><td>检修前验电</td><td>(1) 误判失电；
(2) 使用错误或破损的验电设备；
(3) 触及其他有电部位</td><td>(1) 触电、电弧灼伤；
(2) 火灾</td><td>3</td><td>2</td><td>15</td><td>90</td><td>3</td><td>(1) 与带电体保持安全距离；
(2) 验电设备应完好；
(3) 开关电源闸刀时，戴上干燥手套，另一只手不得搭在焊机外壳；
(4) 更换焊条时，须戴电焊手套</td></tr>
</table>

续表

编号	作业步骤	危害因素	可能导致的后果	风险评价					控制措施
				L	*E*	*C*	*D*	风险程度	
3	劳动保护用品	（1）无专用工作服、工作鞋、手套； （2）面罩破损； （3）安全帽、安全带破损	（1）烫伤，电弧灼伤； （2）弧光伤害眼睛； （3）碰伤	3	2	7	42	2	（1）正确穿戴劳动保护用品； （2）定期检验； （3）手把面罩或套头面罩须完好，不漏光
4	焊接材料	（1）焊件材质不明； （2）错领焊材； （3）焊条未烘干	（1）割口返口； （2）管口泄漏或爆管	6	2	3	36	2	（1）正确使用焊材； （2）认真做好技术交底； （3）禁止在易燃品容器或油漆未干的结构上焊接
5	安全交底	（1）扩大作业范围； （2）误碰运行设备； （3）无法辨识危险源	（1）触电； （2）设备故障	1	6	15	90	3	（1）加强培训，做好安全交底； （2）成品保护； （3）现场监护； （4）作业人员应被告知作业现场和工作岗位存在的危险、危害因素、防范措施及事故应急措施
二	作业过程								
1	检查焊件	（1）管口未打磨； （2）触碰管口割伤； （3）管内打磨不干净； （4）管内有气压	（1）设备故障； （2）人身伤害	3	1	7	21	2	（1）打磨应干净； （2）做好隔离措施； （3）不准在带压管道上施焊； （4）禁止气瓶和电源线相接触； （5）受限空间氧气瓶、乙炔瓶不准入内，打开全部通风口并强制通风，动火人离开时须带出焊枪和输气皮带，熄灭火种，严防乙炔气体泄漏容器内；

续表

编号	作业步骤	危害因素	可能导致的后果	风险评价					控制措施
				L	*E*	*C*	*D*	风险程度	
1	检查焊件	（1）管口未打磨； （2）触碰管口割伤； （3）管内打磨不干净； （4）管内有气压	（1）设备故障； （2）人身伤害	3	1	7	21	2	（6）电、火焊不得同时在容器内进行； （7）禁止使用铁棒等物代替接地线以及远距离接地回路； （8）存在有害气体或通风不良的受限空间，佩戴正压式呼吸器，使用安全带，安全带绳端交专职监护人手中； （9）出现人员中毒、窒息时，抢救人员须佩戴隔离式防护面具进入容器，外部至少有1人作联络
2	点口	（1）周围未设挡风屏； （2）点口错口； （3）点口偏折	（1）灼伤； （2）设备故障	3	1	7	21	2	（1）设挡风屏，防止弧光伤害周围人员； （2）正确对口； （3）不准将带电焊接电缆搭在身上或踏在脚下
3	系统泄压	（1）未检查和测定系统压力就工作； （2）系统未完全泄压导致蒸汽外喷； （3）放气管或管道局部堵塞	（1）灼烫； （2）高处坠落	1	3	40	120	3	（1）办理工作票，确认执行安全措施； （2）双人共同确认阀门、上锁、挂警示牌； （3）测量和确认系统泄压至零； （4）使用面罩和安全带等防护用品； （5）对残余油脂或可燃液体的容器，清理干净，用水蒸气吹洗和热碱水冲洗干净，系统可靠隔绝

续表

编号	作业步骤	危害因素	可能导致的后果	风险评价					控制措施
				L	E	C	D	风险程度	
4	焊接	（1）焊接时皮带线老化发热； （2）焊接飞溅，没有使用阻燃垫隔离； （3）面罩破损漏光； （4）过量吸入焊接烟雾； （5）附近有易燃易爆气体或易燃物； （6）气体钢瓶未固定； （7）乙炔气瓶与氧气钢瓶距离太近； （8）劳保用品穿戴不整齐；	（1）触电； （2）火灾； （3）灼伤； （4）职业危害	3	2	15	90	3	（1）办理动火作业票，执行安全措施，监护人到位； （2）氧气瓶、乙炔瓶垂直放置并固定，距离不小于8m； （3）做好防火隔离措施，准备灭火器等； （4）穿戴合适的工作服、防护鞋、防护眼镜、面罩和安全带等； （5）动火前清理动火点周围易燃易爆物品，确保5m范围内无易燃易爆物品； （6）禁止在装有易燃物品的容器上或在油漆未干的结构上进行焊接； （7）焊接时需减少高频电流作用时间，使高频电流仅在引弧瞬时接通，以防高频电流危害人体；氩弧焊所用的钸、钍、钨极应放在铅制盒内； （8）焊机的二次回路电流不允许通过桥架，二次接地与工件直接接触； （9）氧气瓶、乙炔瓶必须带有防震圈，不得混装搬运； （10）焊工在更换焊条时，必须戴电焊手套，以防触电； （11）禁止气瓶和电源线相接触；

续表

编号	作业步骤	危害因素	可能导致的后果	风险评价					控制措施
				L	*E*	*C*	*D*	风险程度	
4	焊接	(9) 面罩破损漏光； (10) 过量吸入焊接烟雾； (11) 残余火种复燃	(1) 触电； (2) 火灾； (3) 灼伤； (4) 职业危害	3	2	15	90	3	(12) 电焊机在使用时外壳要可靠接地； (13) 电焊机工作所用导线必须绝缘良好，连接到电焊钳上的一端至少有5m绝缘软导线； (14) 动火时必须有取证消防人员监护，动火完毕2h确认动火现场无残余火种后方可离开
5	焊后检查清理	(1) 焊渣未清理； (2) 打磨未戴防护眼镜； (3) 未戴手套触摸焊件	(1) 烫伤； (2) 人身伤害	3	2	7	42	2	(1) 正确使用劳动保护用品； (2) 冷却焊件
三	完工恢复								
1	结束工作	(1) 焊条头未回收； (2) 留有残余火种； (3) 其他杂物未清理； (4) 收线时碰撞其他带电设备； (5) 未切断电源	(1) 火灾； (2) 人身伤害； (3) 触电	6	1	15	90	3	(1) 工完料尽场地清； (2) 不留残余火种； (3) 不触碰其他带电设备； (4) 收线时应先切断电源
四	作业环境								
1	噪声环境下作业	(1) 发电机产生噪声； (2) 员工未佩带护耳器	职业危害，导致听力下降、致聋	3	2	7	42	2	(1) 降低噪声； (2) 戴好护耳器

续表

编号	作业步骤	危害因素	可能导致的后果	风险评价					控制措施
				L	*E*	*C*	*D*	风险程度	
2	接触高温高压蒸汽	（1）正常运行时管道/法兰裂开； （2）密封件故障	灼烫	3	6	7	126	3	（1）穿戴个人防护用品； （2）工作时采取隔热措施； （3）日常检验/压力容器检验

19 灰库空压机房巡检

主要作业风险：	控制措施：
（1）因使用不合工器具、穿戴不合适劳动防护用品导致巡检人员伤害； （2）因地面盖板不平、地面积油、地面积水导致巡检人员滑倒、摔伤； （3）因管道复杂、阀门悬空导致巡检人员绊倒、碰撞； （4）转动设备造成的机械伤害； （5）电气设备造成的触电伤害	（1）仔细核对工器具和正确使用工器具； （2）正确佩戴安全帽、耳塞、手套、工作鞋等； （3）携带良好的通信工具和手电筒； （4）定期清理空压机房积油、积水

编号	作业步骤	危害因素	可能导致的后果	风险评价					控制措施
				L	*E*	*C*	*D*	风险程度	
一	巡检前准备								
1	向值班负责人汇报巡检内容	不熟悉巡检路线或去向不明	伤害后得不到及时救援	3	10	1	30	2	（1）使用合适工器具； （2）加强沟通； （3）交待安全注意事项； （4）仔细核对门禁卡上的机组编号； （5）正确佩戴安全帽、防尘口罩、耳塞、手套、工作鞋等；
2	选择合适的工器具，如对讲机、测温仪、操作扳手、门禁卡、手电筒等	对讲机充电不足或信号，不好影响及时通信	（1）伤害后得不到及时救援； （2）设备异常	6	10	1	60	2	
		照明不足	作业环境危害	3	6	3	54	2	
		拿错或使用错误工具	（1）设备异常； （2）机械伤害	3	6	3	54	2	
		不合适的防护造成伤害	（1）灼烫； （2）机械伤害； （3）高处坠落； （4）物体打击	3	6	3	54	2	

续表

编号	作业步骤	危害因素	可能导致的后果	风险评价					控制措施
				L	E	C	D	风险程度	
3	准备合适的防护用具，如安全帽、防粉口罩、耳塞、手套、工作鞋等	不合适的防护造成伤害	(1) 灼烫； (2) 机械伤害； (3) 高处坠落； (4) 物体打击	3	6	3	54	2	(6) 规范着装（穿长袖工作服，袖口扣好、衣服钮好）； (7) 携带状况良好的通信工具； (8) 携带手电筒，电源要充足，亮度要足够
4	值班负责人核实并批准，交代安全注意事项	(1) 准备不充分； (2) 工作无序，去向不明	伤害后得不到及时救援	1	10	3	30	2	
二	巡检内容								
1	灰库空压机	空压机漏油	火灾	3	10	1	30	2	(1) 行走时看清路面状况； (2) 设置警示标识； (3) 及时清理油污、积水； (4) 不得触及转动部分； (5) 检查电动机金属外壳接地良好，检查空压机外壳接地良好，否则禁止触摸； (6) 照明良好，并携带足够亮度的手电筒； (7) 正确佩戴安全帽、隔音耳塞、手套、工作鞋等
		机械转动	机械伤害	1	10	3	30	2	
		电机外壳接地不良	触电	1	10	3	30	2	
		地面积水	(1) 其他伤害； (2) 触电	3	10	1	30	2	
		地面积油	其他伤害	3	10	1	30	2	
		噪声	作业环境危害	1	3	10	30	2	
		管路布置复杂	其他伤害	3	10	1	30	2	

续表

编号	作业步骤	危害因素	可能导致的后果	风险评价					控制措施
				L	*E*	*C*	*D*	风险程度	
2	冷干机	地面积水	(1) 其他伤害； (2) 触电	3	10	1	30	2	(1) 行走时看清路面状况； (2) 设置警示标识； (3) 及时清理油污、积水； (4) 不得触及转动部分； (5) 检查电动机金属外壳接地良好，检查空压机外壳接地良好，否则禁止触摸； (6) 照明良好，并携带足够亮度的手电筒； (7) 正确佩戴安全帽、隔音耳塞、手套、工作鞋等
		地面积油	(1) 火灾； (2) 其他伤害	3	10	1	30	2	
		噪声	作业环境危害	1	3	10	30	2	
		管路布置复杂	其他伤害	3	10	1	30	2	
		就地带电控制柜	触电	1	10	3	30	2	
3	气化风机加热器就地控制柜	就地带电控制柜	触电	1	10	3	30	2	(1) 行走时看清路面状况； (2) 设置警示标识； (3) 及时清理油污、积水； (4) 检查控制柜外壳接地良好，否则禁止触摸； (5) 照明良好，并携带足够亮度的手电筒； (6) 正确佩戴安全帽、隔音耳塞、手套、工作鞋等
		地面积水	(1) 触电； (2) 其他伤害	3	10	1	30	2	
		地面积油	(1) 火灾； (2) 其他伤害	3	6	3	54	2	
		噪声	作业环境危害	1	3	10	30	2	
4	储气罐	管路布置复杂	其他伤害	3	10	1	30	2	(1) 照明良好，携带足够亮度的手电筒； (2) 正确佩戴安全帽、隔音耳塞、手套、工作鞋等；
		储气罐疏水阀门位置不便操作	作业环境危害	3	10	1	30	2	

续表

编号	作业步骤	危害因素	可能导致的后果	风险评价					控制措施
				L	*E*	*C*	*D*	风险程度	
4	储气罐	安全阀动作时尖锐的气流声	作业环境危害	10	3	1	30	2	(3) 设备定期保养，检查
		罐体锈蚀	爆炸	0.5	10	7	35	2	
5	灰库配电间	变压器、母线、开关柜	触电	1	10	3	30	2	(1) 设置警示标识； (2) 执行配电间轴流风机运行规定； (3) 及时清理地面积水
		变压器、开关、PT	爆炸	1	10	3	30	2	
		地面积水	(1) 触电； (2) 其他伤害	3	10	1	30	2	
		盘柜结露	触电	1	10	7	70	2	
三	巡检路线								
1	灰库空压机房	管路布置复杂	其他伤害	3	10	1	30	2	(1) 行走时看清路面状况； (2) 设置警示标识； (3) 及时清理油污、积水； (4) 检查控制柜外壳接地良好，否则禁止触摸； (5) 照明良好，并携带足够亮度的手电筒； (6) 正确佩戴安全帽、隔音耳塞、手套、工作鞋等； (7) 设备定期保养，检查
		地面不平、地沟盖板缺失、不平	高处坠落	3	2	1	6	1	
		地面积水	触电	3	10	1	30	2	
		地面积油	(1) 火灾； (2) 其他伤害	3	6	3	54	2	
		噪声	作业环境危害	1	3	10	30	2	
		电气设备	触电	1	10	3	30	2	
		机械转动	机械伤害	1	10	3	30	2	
		储气罐疏水阀门位置不便操作	作业环境危害	3	10	1	30	2	

20 脚手架搭拆（炉膛区域）

<table>
<tr><td colspan="4">

主要作业风险：
（1）溺水；
（2）炉温过高；
（3）设备损坏、坍塌、坠落；
（4）高处落物

</td><td colspan="6">

控制措施：
（1）办理工作票，排尽捞渣机存水；
（2）降温；
（3）除焦清灰；
（4）全员系好安全带；
（5）作业人员使用工具袋；
（6）备足饮用水及干净毛巾；
（7）未验收合格不得投入使用；
（8）炉外设专人监护；
（9）拆除架子自上而下，后装构件先拆，一步一清；
（10）拆下的材料、余料和废料及时清理出场

</td></tr>
<tr><th rowspan="2">编号</th><th rowspan="2">作业步骤</th><th rowspan="2">危害因素</th><th rowspan="2">可能导致的后果</th><th colspan="5">风险评价</th><th rowspan="2">控制措施</th></tr>
<tr><th>L</th><th>E</th><th>C</th><th>D</th><th>风险程度</th></tr>
<tr><td>一</td><td colspan="3">搭拆前准备</td><td></td><td></td><td></td><td></td><td></td><td></td></tr>
<tr><td>1</td><td>布置场地</td><td>（1）脚手架无搭设委托单、搭设要求不明；
（2）炉内屏式过热器焦块残留；
（3）粉尘大；
（4）送、引风机运行；
（5）光线不足；
（6）捞渣机未排水；
（7）人员疲劳；</td><td>（1）高处落物；
（2）设备损坏；
（3）人员伤害；</td><td>3</td><td>6</td><td>7</td><td>126</td><td>3</td><td>（1）填写委托单、明确要求，办理工作票，执行安全措施到位；
（2）严密监视、确认焦块清除；
（3）精选人员，分工明确，做好安全交底，定时轮换作息；
（4）水冲洗炉内积灰；
（5）配置专用三级盘，照明应充足、带有触电保护器；电源线在炉膛穿墙部分要加橡皮绝缘垫；灯具架在木横担上，禁止带电移动灯具；</td></tr>
</table>

续表

编号	作业步骤	危害因素	可能导致的后果	风险评价					控制措施
				L	E	C	D	风险程度	
1	布置场地	(8) 人孔门未开全数； (9) 炉温过高	(4) 溺水； (5) 有害气体	3	6	7	126	3	(6) 捞渣机排尽存水； (7) 尽数全开人孔门，加大通风； (8) 制定降温措施，待炉温冷却后开工
2	材料运输	(1) 钢管、扣件锈蚀、丝口损坏，笆片腐烂、老化； (2) 装运未捆绑	(1) 坍塌； (2) 物体打击	3	2	15	75	2	(1) 架子构件维保，扣件上油、钢管除锈； (2) 清除报废件，禁止使用弯曲、压扁或有裂纹的钢管； (3) 材料运输绑扎牢固； (4) 铺垫油布，分类堆放
3	选择合适的工器具	工器具选择不当	其他伤害	1	3	15	45	2	(1) 选择合适的操作工器具； (2) 检查所用工具必须完好； (3) 正确使用工器具
4	穿戴劳动防护用品	过期使用	人身伤害	3	2	15	90	3	(1) 定检、更换； (2) 着装整齐，安全帽、安全带佩戴规范； (3) 备足饮用水及干净毛巾、口罩
5	安全交底	(1) 扩大作业范围； (2) 误碰运行设备； (3) 无法辨识危险源	(1) 触电； (2) 设备故障	1	6	15	90	3	(1) 加强培训，做好安全交底； (2) 成品保护； (3) 现场监护； (4) 作业人员应被告知作业现场和工作岗位存在的危险、危害因素、防范措施及事故应急措施

续表

编号	作业步骤	危害因素	可能导致的后果	风险评价					控制措施
				L	*E*	*C*	*D*	风险程度	
二	架子搭拆								
1	底层爬梯	（1）立杆脚无橡胶垫； （2）立杆倾倒； （3）立脚在铸石防磨层； （4）人员疲劳； （5）捞渣机底面不设隔离层； （6）借助立杆攀爬； （7）档距不均匀； （8）档杆两头未夹紧	（1）设备损坏； （2）人身伤害； （3）坍塌	3	3	7	63	2	（1）立脚按规定衬垫，自下而上搭设； （2）持证上岗，挑选有经验作业人员； （3）立脚须在落渣口管撑的横档上； （4）铺设隔离层，保护灰碌岩捞渣机底面； （5）档距均匀； （6）扣件连接牢固； （7）搭设中，人员上下应使用爬梯； （8）炉外设专人监护，并不得担任其他任务
2	井架架设	（1）杆头裸露； （2）材料传递不稳； （3）传料站位空缺； （4）工具脱手； （5）拉结无防护垫； （6）弯腰、转身碰撞杆件或踩空失去平衡	（1）坠落； （2）高处落物； （3）设备损坏； （4）物体打击； （5）人身伤害	3	6	7	126	3	（1）小跨档传递或绳索吊送； （2）成品保护，杆头包扎不接触水冷壁； （3）连接构件采用橡胶垫等； （4）进行撬、拉、推作业应有正确姿势； （5）系好安全带，高挂低用； （6）作业人员使用工具袋； （7）不准随意改变脚手架结构

续表

编号	作业步骤	危害因素	可能导致的后果	风险评价					控制措施
				L	*E*	*C*	*D*	风险程度	
3	铺板	（1）板料掉落； （2）出现探头板； （3）两端未及时捆扎； （4）漏铺，留有空洞； （5）擅自减少横担数量	（1）高处坠落； （2）高处落物	6	6	3	108	3	（1）板头平铺在横杆上固定，跨度间无接头； （2）无关人员禁止进入搭设区域； （3）稳拿轻放； （4）及时绑扎，条板与架子连接牢固； （5）不许存在探头板； （6）满铺、铺稳，板端用12号铁丝两道扎紧； （7）满膛板面设置长压杆，1.8m开档，8号铁丝牢固绑扎； （8）加密小横杆
4	手工搬运	（1）手工搬运方法或搬运姿势不当； （2）用力不当或蛮干； （3）员工未经培训，缺乏经验	（1）人机工程伤害； （2）设备损坏	6	3	3	54	2	（1）进行手工搬运培训； （2）用正确姿势搬运； （3）提供适当搬运工具或其他工具
5	使用手工具	（1）活络扳手、钢丝钳、小撬棍破损； （2）使用不合适工具	（1）人身伤害； （2）设备损坏	3	6	3	54	2	（1）拒用不安全工具； （2）使用工具包； （3）登高前清除身上非必用工具、杂物
6	验收	（1）未完全符合委托人要求；	人身伤害	3	2	15	90	3	（1）按要求整改；

续表

编号	作业步骤	危害因素	可能导致的后果	风险评价					控制措施
				L	*E*	*C*	*D*	风险程度	
6	验收	（2）未验收已使用； （3）非共同验收； （4）验收后不签字	人身伤害	3	2	15	90	3	（2）架子完成由架子班长、部门安全员、工作负责人、锅炉专工共同验收； （3）验收确认符合要求及时签字； （4）未验收合格不得投入使用； （5）长期使用的架子应定期检查
7	挂牌	（1）字迹不清； （2）未在醒目处悬挂； （3）超期、超载	（1）坍塌； （2）设备损坏； （3）其他伤害	3	3	7	63	2	（1）字迹清无空格，挂于醒目处； （2）超期使用应重新验收； （3）禁止超载使用
8	拆除作业	（1）无监护人； （2）闲人出入	（1）其他伤害； （2）作业环境危害	3	3	7	63	2	（1）委托人到场，专人监护警戒； （2）无关人员不得进入拆除区域； （3）拆架作业场所有可能坠落的物件，一律先行拆除； （4）架子若有松动或有危险部位，应先予加固，再行拆除工序； （5）班组成员要明确分工，统一指挥，操作过程精力集中； （6）拆除作业中途不应换人，否则应将拆除情况交接清楚； （7）拆除过程不中断，不然应将拆除部分处理告一段落，确认安全后方可停歇

续表

编号	作业步骤	危害因素	可能导致的后果	风险评价					控制措施
				L	E	C	D	风险程度	
9	脚手板拆除	（1）吊绳磨损； （2）架上过多堆放板料	（1）绳索断裂； （2）垮塌	3	3	15	135	3	（1）更换吊绳； （2）拆解的构件随时下传； （3）拆除长压杆； （4）板料、压杆应由20.5m人孔门外传
10	井架拆除	（1）抛扔材料； （2）上下同时拆除； （3）铁丝乱扔； （4）拆架与传料不同步，堆放过多造成架构断裂； （5）误碰设备； （6）用力过猛，身体失稳； （7）脚底打滑	（1）坍塌； （2）设备损坏； （3）人身伤害； （4）物体打击	3	6	7	126	3	（1）连接件与爬梯不应先拆除，应与分层拆除同时进行； （2）不准先拆下层立柱或将架子整体推到； （3）自上而下，后装构件先拆，一步一清； （4）不准上下同时拆除； （5）拆下的杆件、板料禁止向下抛掷； （6）井架10.5～20.5m杆件应由10.5m的看火孔外传，0.0～10.5m杆件和成捆扣件及废铁丝由捞渣机人孔门外传； （7）大横杆、剪刀撑，应先拆中间扣，再拆两头扣； （8）炉外作业区域设置安全围栏，闲人不得通过； （9）炉外传递材料人员不得缺位，并做好分类堆放

续表

编号	作业步骤	危害因素	可能导致的后果	风险评价					控制措施
				L	*E*	*C*	*D*	风险程度	
三	完工恢复								
1	清场	（1）材料乱放； （2）绊跌； （3）架子构件散落； （4）废铁丝未收集	（1）人机工程危害； （2）其他伤害	10	2	7	140	3	（1）运到地面的杆件、扣件分别装运； （2）保证走道畅通； （3）对拆下的材料、余料和废料及时清理出场
四	作业环境								
1	在粉尘环境中作业	（1）锅炉维护产生粉尘； （2）锅炉泄漏产生粉尘； （3）炉底渣散落/飞灰泄漏； （4）灰尘清理不当； （5）呼吸系统保护不当	职业危害；尘肺	3	2	15	90	3	（1）采取控制粉尘措施，加强日常维护； （2）佩戴防尘口罩、呼吸器等； （3）定期进行粉尘监测； （4）定期体检； （5）及时清扫地面，清理积灰

21 脚手架搭拆(主变压器和升压站区域)

<table>
<tr><td colspan="4">主要作业风险：
(1) 触电；
(2) 设备损坏；
(3) 坍塌；
(4) 坠落；
(5) 高处落物</td><td colspan="6">控制措施：
(1) 办理工作票，确认执行安全措施；
(2) 系好安全带；
(3) 作业人员使用工具袋；
(4) 未验收合格不得投入使用</td></tr>
<tr><td rowspan="2">编号</td><td rowspan="2">作业步骤</td><td rowspan="2">危害因素</td><td rowspan="2">可能导致的后果</td><td colspan="5">风险评价</td><td rowspan="2">控制措施</td></tr>
<tr><td>L</td><td>E</td><td>C</td><td>D</td><td>风险程度</td></tr>
<tr><td>一</td><td colspan="3">搭拆前准备</td><td></td><td></td><td></td><td></td><td></td><td></td></tr>
<tr><td>1</td><td>检修前验电</td><td>(1) 高压电区域；
(2) 使用错误或破损的验电设备；
(3) 触及其他有电部位</td><td>(1) 触电；
(2) 电弧灼伤</td><td>1</td><td>6</td><td>15</td><td>90</td><td>3</td><td>(1) 办理工作票，确认执行安全措施；
(2) 双方共同确认检修开关上锁、验电和挂警示牌</td></tr>
<tr><td>2</td><td>布置场地</td><td>(1) 脚手架无搭设委托单、搭设要求不明；
(2) 周围设备过近；
(3) 道路不平</td><td>(1) 车辆倾翻；
(2) 设备损坏</td><td>6</td><td>6</td><td>1</td><td>36</td><td>2</td><td>(1) 填委托单、明确要求；
(2) 维护厂区道路平整；
(3) 设置隔离带</td></tr>
<tr><td>3</td><td>材料运输</td><td>(1) 毛竹有枯黄、黑斑、虫蛀；
(2) 装运未捆绑</td><td>(1) 坍塌；
(2) 物体打击</td><td>3</td><td>2</td><td>7</td><td>42</td><td>2</td><td>(1) 采用三年以上、坚固无损伤的毛竹，有青嫩、枯黄、虫蛀、腐烂、裂缝（透节二节以上）等情况不得使用；
(2) 绑扎牢固，使用水葱竹篾时不得一扣绑三根；</td></tr>
</table>

续表

编号	作业步骤	危害因素	可能导致的后果	风险评价					控制措施
				L	*E*	*C*	*D*	风险程度	
3	材料运输	（1）毛竹有枯黄、黑斑、虫蛀； （2）装运未捆绑	（1）坍塌； （2）物体打击	3	2	7	42	2	（3）立杆、大横杆、剪刀撑、抛撑、顶撑的小头有效直径应≥7cm，小横杆≥9cm
4	选择合适的工器具	工器具选择不当	其他伤害	1	3	15	45	2	（1）选择合适的操作工器具； （2）检查所用工具必须完好； （3）正确使用工器具
5	穿戴劳动防护用品	过期使用	人身伤害	3	2	15	90	3	（1）定检、更换； （2）着装整齐，安全帽、安全带佩戴规范
6	安全交底	（1）扩大作业范围； （2）误碰运行设备； （3）无法辨识危险源	（1）触电； （2）设备故障	1	6	15	90	3	（1）加强培训，做好安全交底； （2）成品保护； （3）现场监护； （4）作业人员应被告知作业现场和工作岗位存在的危险、危害因素、防范措施及事故应急措施
二	架子搭拆								
1	底层搭设	（1）立杆脚无橡胶垫； （2）立杆倾倒； （3）小横杆脱手； （4）人员疲劳	（1）损坏设备； （2）人身伤害	3	2	7	35	2	（1）立脚按规定衬垫； （2）持证上岗，挑选有经验作业人员； （3）监护、警醒； （4）相邻立杆在同一步架内搭接互相错开

续表

编号	作业步骤	危害因素	可能导致的后果	风险评价					控制措施
				L	*E*	*C*	*D*	风险程度	
2	井架架设	(1) 杆件对接长度不够; (2) 材料传递不稳; (3) 铁丝绑扎不牢; (4) 工具脱手; (5) 构件连接无防护垫; (6) 脚踩油管、仪表; (7) 碰撞盘柜、套管; (8) 低位消防管道妨碍行走; (9) 弯腰、转身碰撞杆件或踩空失去平衡; (10) 上下同时作业; (11) 立杆、横杆间距不符要求	(1) 坍塌; (2) 高处落物; (3) 设备损坏; (4) 物体打击; (5) 人身伤害; (6) 坠落	3	6	7	126	3	(1) 对接长度大于1.5m; (2) 小跨档传递或绳系吊送; (3) 成品保护,禁止踩踏; (4) 连接构件采用橡胶垫等; (5) 进行撬、拉、推作业应有正确姿势; (6) 不许同时上下作业; (7) 作业人员使用工具袋; (8) 系好安全带; (9) 按规定掌握间距要求架设; (10) 搭设中连接件、爬梯等须同步跟进; (11) 不得躺在架上休息; (12) 剪刀撑应头梢绑接,大头压小头,搭接长度大于1.5cm
3	上下爬梯	(1) 借助立杆攀爬; (2) 档距不均匀; (3) 档杆两头未扎紧	人身伤害	3	6	3	54	2	(1) 档距均匀; (2) 绑扎牢固; (3) 上下使用爬梯
4	作业面铺脚手板	(1) 板料掉落; (2) 出现探头板; (3) 两端未及时捆扎; (4) 漏铺,留有空洞	(1) 高处坠落; (2) 高处落物	6	6	3	108	3	(1) 板头在横杆上固定,跨度间无接头; (2) 无关人员不得进入搭设区域; (3) 稳拿轻放;

续表

编号	作业步骤	危害因素	可能导致的后果	风险评价					控制措施
				L	*E*	*C*	*D*	风险程度	
4	作业面铺脚手板	（1）板料掉落； （2）出现探头板； （3）两端未及时捆扎； （4）漏铺，留有空洞	（1）高处坠落； （2）高处落物	6	6	3	108	3	（4）及时绑扎，脚手板与架子连接牢固； （5）不许存在探头板； （6）满铺
5	栏杆	（1）无栏杆； （2）有缺口； （3）骑坐栏杆； （4）随意拆除	（1）坠落； （2）高处落物	3	3	15	90	3	（1）设置二道栏杆； （2）栏杆无短缺； （3）严禁擅自改变或拆除； （4）不准坐上栏杆休息； （5）严禁随意改变、拆除栏杆等安全防护
6	手工搬运	（1）手工搬运方法或搬运姿势不当； （2）用力不当或蛮干； （3）员工未经培训，缺乏经验	（1）人机工程伤害，如肌肉拉伤、腰部或背部肌肉损伤； （2）设备损坏	6	6	1	36	2	（1）进行手工搬运培训； （2）用正确姿势搬运； （3）提供适当搬运工具或其他工具
7	使用手动工具	（1）活络扳手、钢丝钳、小撬棍破损； （2）使用不合适工具	（1）人身伤害； （2）设备损坏	3	6	1	18	1	（1）拒用不安全工具； （2）使用工具包； （3）登高前清除身上非必用工具、杂物
8	验收	（1）未完全符合委托人要求； （2）未验收已使用；	人身伤害	3	2	15	75	2	（1）按要求整改； （2）执行架子验收规定；

续表

编号	作业步骤	危害因素	可能导致的后果	风险评价					控制措施
				L	*E*	*C*	*D*	风险程度	
8	验收	(3) 非双方共同验收； (4) 验收后不签字	人身伤害	3	2	15	75	2	(3) 验收确认符合要求，双方及时签字； (4) 未验收合格不得投入使用
9	挂牌	(1) 字迹不清； (2) 未在醒目处悬挂； (3) 超期、超载； (4) 杆件碰撞设备	(1) 坍塌； (2) 设备损坏； (3) 其他伤害	3	3	7	42	2	(1) 字迹清、无空格，挂于醒目处； (2) 超期使用应重新验收； (3) 禁止超载使用
10	拆除现场	(1) 无监护人； (2) 闲人出入	(1) 其他伤害； (2) 作业环境危害	3	2	7	35	2	(1) 设立围栏，委托人到场，专人监护警戒； (2) 无关人员不得通过或逗留； (3) 拆架作业场所有可能坠落的物件，一律先行撤除； (4) 架子若有松动或有危险部位，应先予加固，再行拆除工序
11	栏杆拆除	(1) 未挂好安全带； (2) 工具滑手	(1) 坠落； (2) 物体打击	1	6	7	42	2	(1) 挂好安全带； (2) 选用合适工具
12	脚手板拆除	(1) 吊绳磨损； (2) 架上堆放板料	断裂	1	2	15	30	2	(1) 更换吊绳； (2) 拆解的构件随时下传
13	井架拆除	(1) 抛扔材料； (2) 上下同时拆除； (3) 整体推到； (4) 铁丝乱扔；	(1) 坍塌； (2) 设备损坏； (3) 人身伤害； (4) 物体打击	3	6	7	126	3	(1) 连接件与爬梯不应先拆除，应与分层拆除同时进行； (2) 不准先拆下层立柱或将架子整体推到；

续表

编号	作业步骤	危害因素	可能导致的后果	风险评价					控制措施
				L	*E*	*C*	*D*	风险程度	
13	井架拆除	（5）拆架与运料不同步，堆放过多造成构架断裂； （6）误碰设备； （7）用力过猛，身体失衡； （8）脚底打滑	（1）坍塌； （2）设备损坏； （3）人身伤害； （4）物体打击	3	6	7	126	3	（3）自上而下，后装构件先拆，一步一清； （4）不准上下同时拆除作业； （5）拆下的杆件、板料不准向下抛掷； （6）禁止野蛮作业
三	完工恢复								
1	清场	（1）材料乱放； （2）行走滑跌； （3）材料散落； （4）废铁丝未收集； （5）下料短节乱扔	（1）人机工程危害； （2）其他伤害	10	2	7	140	3	（1）运到地面的杆件、扣件分类堆放； （2）保证走道畅通； （3）对拆下的材料、余料和废料及时清理出场
四	作业环境								
1	露天风雨	恶劣天气	（1）设备损坏； （2）人身伤害	10	3	15	450	5	在六级及以上的大风以及暴雨、大雾等恶劣天气，应停止露天高处作业
2	高压电区域	（1）触摸带电体； （2）误碰	（1）触电； （2）灼伤	3	3	7	63	2	（1）工作前确认设备已放电且已可靠接地； （2）人身与带电体保持足够的安全距离； （3）雷电时禁止在高压电区域作业； （4）在带电设备周围严禁使用卷尺、钢直尺； （5）区域内禁止使用金属梯子

22 脚手架搭拆（主厂房区域）

<table>
<tr><td colspan="4">主要作业风险：
（1）设备损坏；
（2）坍塌；
（3）坠落；
（4）高处落物</td><td colspan="6">控制措施：
（1）办理工作票；
（2）系好安全带；
（3）作业人员使用工具袋；
（4）未验收合格不得投入使用；
（5）拆除架子自上而下，后装构件先拆，一步一清；
（6）不准上下同时拆除作业；
（7）拆下的材料、余料和废料及时清理出场</td></tr>
<tr><th rowspan="2">编号</th><th rowspan="2">作业步骤</th><th rowspan="2">危害因素</th><th rowspan="2">可能导致的后果</th><th colspan="5">风险评价</th><th rowspan="2">控制措施</th></tr>
<tr><th>L</th><th>E</th><th>C</th><th>D</th><th>风险程度</th></tr>
<tr><td>一</td><td colspan="3">搭拆前准备</td><td></td><td></td><td></td><td></td><td></td><td></td></tr>
<tr><td>1</td><td>布置场地</td><td>（1）脚手架无搭设委托单、搭设要求不明；
（2）道路不平</td><td>（1）运输车辆倾翻；
（2）设备损坏</td><td>3</td><td>6</td><td>1</td><td>18</td><td>1</td><td>（1）填委托单、明确要求；
（2）维护厂区道路平整；
（3）做好安全交底</td></tr>
<tr><td>2</td><td>材料运输</td><td>（1）钢管、扣件锈蚀严重，笆片腐烂、老化；
（2）装运未捆绑；
（3）车辆速度过快</td><td>（1）坍塌；
（2）物体打击</td><td>3</td><td>2</td><td>7</td><td>42</td><td>2</td><td>（1）架子构件维保，卡头上油、钢管除锈，清除报废件；
（2）绑扎、连接牢固；
（3）遵守厂内交通行驶标志；
（4）铺垫油布，分类堆放</td></tr>
<tr><td>3</td><td>选择合适的工器具</td><td>工器具选择不当</td><td>其他伤害</td><td>1</td><td>3</td><td>15</td><td>45</td><td>2</td><td>（1）选择合适的操作工器具；
（2）检查所用工具必须完好；
（3）正确使用工器具</td></tr>
</table>

续表

编号	作业步骤	危害因素	可能导致的后果	风险评价					控制措施
				L	*E*	*C*	*D*	风险程度	
4	穿戴劳动防护用品	过期使用	人身伤害	3	3	7	63	2	(1) 定检、更换； (2) 着装整齐，安全帽、安全带佩戴规范
5	安全交底	(1) 扩大作业区域； (2) 误碰运行设备； (3) 野蛮作业	设备损坏	1	6	15	90	3	(1) 做好安全交底，监护到位； (2) 成品保护，长件掉头、传递应缓慢； (3) 选好堆放点，不准占用通道； (4) 设置红白带隔离区； (5) 作业人员应被告知作业现场和工作岗位存在的危险、危害因素、防范措施及事故应急措施
二	搭拆架子								
1	底层搭设	(1) 立杆脚无橡胶垫； (2) 立杆倾倒； (3) 小横杆脱手； (4) 人员疲劳； (5) 热态时构架与炉墙刚性梁固定	(1) 设备损坏； (2) 人身伤害； (3) 坍塌	3	3	7	63	2	(1) 立脚按规定衬垫，自下而上搭设； (2) 持证上岗，挑选有经验作业人员； (3) 监护、警醒； (4) 热态时构架不得与刚性梁固定，预控热胀量大于300mm
2	架设井架	(1) 立杆、横杆间距不符要求； (2) 材料传递不稳；	(1) 坠落； (2) 高处落物； (3) 设备损坏；	3	6	7	126	3	(1) 小跨档传递或绳系吊送； (2) 成品保护，禁止踩踏； (3) 连接构件采用橡胶垫等；

续表

编号	作业步骤	危害因素	可能导致的后果	风险评价					控制措施
				L	*E*	*C*	*D*	风险程度	
2	架设井架	(3) 铁丝绑扎不牢; (4) 工具脱手; (5) 构件连接无防护垫; (6) 上下同时作业; (7) 碰撞开关柜; (8) 弯腰、转身碰撞杆件或踩空失去平衡	(4) 物体打击; (5) 人身伤害	3	6	7	126	3	(4) 进行撬、拉、推作业应有正确姿势; (5) 禁止同时上下作业; (6) 作业人员使用工具袋; (7) 系好安全带; (8) 按规定掌握间距要求，规范架设; (9) 搭设中连接件、爬梯等须同步跟进
3	爬梯	(1) 借助立杆攀爬; (2) 档距不均匀; (3) 档杆两头未扎紧	人身伤害	3	6	7	126	3	(1) 350mm 档距均匀; (2) 绑扎牢固; (3) 上下使用爬梯
4	铺板	(1) 板料掉落; (2) 出现探头板; (3) 两端未及时捆扎; (4) 漏铺，留有空洞	(1) 高处坠落; (2) 高处落物	6	6	3	108	3	(1) 板头在横杆上固定，跨度间无接头; (2) 无关人员不得进入搭设区域; (3) 稳拿轻放; (4) 及时绑扎，条板与架子连接牢固; (5) 不许存在探头板; (6) 满铺
5	围栏	(1) 只设一道栏杆; (2) 有缺口; (3) 骑坐栏杆; (4) 随意拆除	(1) 坠落; (2) 高处落物	3	3	15	135	3	(1) 设置二道栏杆; (2) 栏杆无短缺; (3) 严禁擅自改变或拆除; (4) 不准坐上栏杆休息; (5) 严禁随意改变、拆除栏杆等安全防护

续表

编号	作业步骤	危害因素	可能导致的后果	风险评价					控制措施
				L	*E*	*C*	*D*	风险程度	
6	手工搬运	（1）手工搬运方法或搬运姿势不当； （2）用力不当或蛮干； （3）员工未经培训，缺乏经验	（1）人机工程伤害，如肌肉拉伤、腰部或背部肌肉损伤； （2）设备损坏	6	6	1	36	2	（1）进行手工搬运培训； （2）用正确姿势搬运； （3）提供适当搬运工具或其他工具
7	使用手工具	（1）活络扳手、钢丝钳、小撬棍破损； （2）使用不合适工具	（1）人身伤害； （2）设备损坏	3	6	3	54	2	（1）拒用不安全工具； （2）使用工具包； （3）登高前清除身上非必用工具、杂物
8	验收	（1）未完全符合委托人要求； （2）未验收已使用； （3）非双方共同验收； （4）验收后不签字	人身伤害	3	2	15	90	3	（1）按要求整改； （2）执行架子验收规定； （3）验收确认符合要求，双方及时签字； （4）未验收合格不得投入使用； （5）长期使用的架子应定时检查
9	挂牌	（1）字迹不清； （2）未在醒目处悬挂； （3）超期、超载； （4）杆件碰撞设备	（1）坍塌； （2）设备损坏； （3）其他伤害	3	3	7	63	2	（1）字迹清无空格，挂于醒目处； （2）超期使用应重新验收； （3）禁止超载使用
10	拆除作业	（1）无监护人； （2）闲人出入	（1）其他伤害； （2）作业环境危害	3	2	7	42	2	（1）设立围栏，委托人到场，专人监护警戒； （2）无关人员不得通过或逗留；

续表

编号	作业步骤	危害因素	可能导致的后果	风险评价					控制措施
				L	E	C	D	风险程度	
10	拆除作业	（1）无监护人； （2）闲人出入	（1）其他伤害； （2）作业环境危害	3	2	7	42	2	（3）拆架作业场所有可能坠落的物件，一律先行撤除； （4）架子若有松动或有危险部位，应先予加固，再行拆除工序
11	围栏拆除	（1）未挂好安全带； （2）工具滑手	（1）坠落； （2）物体打击	1	6	7	42	2	（1）挂好安全带； （2）选用合适工具； （3）自下而上拆除
12	脚手板拆除	（1）吊绳磨损； （2）架上堆放板料	断裂	3	2	15	90	3	（1）更换吊绳； （2）拆解的构件随时下传
13	井架拆除	（1）抛扔材料； （2）上下同时拆除； （3）铁丝乱扔； （4）拆架与运料不同步，堆放过多造成架构断裂； （5）误碰设备； （6）用力过猛，身体失稳； （7）脚底打滑	（1）坍塌； （2）设备损坏； （3）人身伤害； （4）物体打击	3	6	7	126	3	（1）连接件与爬梯不应先拆除，应与分层拆除同时进行； （2）不准先拆下层立柱或将架子整体推到； （3）自上而下，后装构件先拆，一步一清； （4）不准上下同时拆除； （5）拆下的杆件、板料不准向下抛掷； （6）当脚手架采取分段、分立面拆除时，对不拆除的脚手架，应先进行支撑加固

续表

编号	作业步骤	危害因素	可能导致的后果	风险评价					控制措施
				L	*E*	*C*	*D*	风险程度	
三	完工恢复								
1	清场	（1）材料乱放； （2）行走滑跌； （3）材料散落； （4）废铁丝未收集	（1）人机工程危害； （2）其他伤害	10	2	7	140	3	（1）运到地面的杆件、扣件分类堆放； （2）保证走道畅通； （3）对拆下的材料、余料和废料及时清理出场
四	作业环境								
1	暴露在高噪声环境下作业	（1）运行风机、压缩机、高压蒸汽引起噪声或缺乏维护； （2）员工没有佩戴合适听力防护用品，如耳塞、耳罩等； （3）听力防护用品使用不当	职业危害，如听力下降、致聋	6	6	1	36	2	（1）采取控制噪声措施，加强日常维护； （2）佩戴耳塞，在特高噪声区使用耳罩； （3）定期进行噪声监测； （4）对员工进行听力基础及比较测试
2	在粉尘环境中作业	（1）锅炉维护产生粉尘； （2）锅炉泄漏产生粉尘； （3）炉底渣散落/飞灰泄漏； （4）灰尘清理不当； （5）呼吸系统保护不当	职业危害，导致呼吸系统疾病或眼睛伤害，如肺脏功能减低、鼻/喉发炎、皮炎	3	2	15	90	3	（1）采取控制粉尘措施，加强日常维护； （2）佩戴防防尘口罩、呼吸器等； （3）定期进行粉尘监测； （4）定期体检； （5）及时清扫地面、清理积灰

23 就地消防控制设备检修

<table>
<tr><td colspan="4">主要作业风险：
（1）走错间隔造成设备事故；
（2）检修时周围有转动机械造成人身伤害；
（3）检修现场周围存在孔洞围栏不牢固造成人员跌落；
（4）周围工作环境对人身健康造成的影响</td><td colspan="6">控制措施：
（1）办理工作票；
（2）检修工作开始前，工作负责人检查检修现场孔洞围栏是否牢固，在检修区域增设围栏并悬挂警告牌；
（3）工作人员正确使用个人防护设备；
（4）加强人员培训</td></tr>
<tr><td rowspan="2">编号</td><td rowspan="2">作业步骤</td><td rowspan="2">危害因素</td><td rowspan="2">可能导致的后果</td><td colspan="5">风险评价</td><td rowspan="2">控制措施</td></tr>
<tr><td>L</td><td>E</td><td>C</td><td>D</td><td>风险程度</td></tr>
<tr><td>一</td><td colspan="3">检修前准备</td><td></td><td></td><td></td><td></td><td></td><td></td></tr>
<tr><td>1</td><td>确认工作票安全措施执行</td><td>（1）拉错开关、走错间隔或误送电导致设备带电或误动；
（2）误碰其他有电部位产生电弧</td><td>（1）触电、电弧灼伤；
（2）设备事故</td><td>3</td><td>2</td><td>1</td><td>6</td><td>1</td><td>（1）办理工作票，确认执行安全措施；
（2）检修电源开关处悬挂“在此工作”标示牌；
（3）与运行人员至检修现场共同办理工作票签发；
（4）与运行人员共同确认开关或设备位置，正确验电</td></tr>
<tr><td>2</td><td>工作交底</td><td>走错间隔</td><td>（1）触电；
（2）设备事故</td><td>3</td><td>2</td><td>1</td><td>6</td><td>1</td><td>加强人员培训</td></tr>
<tr><td>3</td><td>准备工器具/材料</td><td>工器具与设备不配套</td><td>设备事故</td><td>6</td><td>2</td><td>1</td><td>12</td><td>1</td><td>（1）做好修前准备；
（2）加强人员培训</td></tr>
<tr><td>4</td><td>准备劳动保护用品</td><td>噪声、粉尘危害</td><td>职业危害</td><td>3</td><td>2</td><td>1</td><td>6</td><td>1</td><td>准备耳塞、手套、口罩</td></tr>
</table>

续表

编号	作业步骤	危害因素	可能导致的后果	风险评价					控制措施
				L	*E*	*C*	*D*	风险程度	
二	检修过程								
1	设备清灰	(1) 误碰其他有电部位或转动机械； (2) 高处坠落	(1) 触电； (2) 人身伤害	1	2	3	6	1	(1) 加强人员培训； (2) 使用个人防护设备
2	拆动力、控制电缆	因接线标记不清造成接线错误	设备事故	3	2	1	6	1	拆线前做好标记
3	关消防设备前后隔离阀	压力液体冲出	(1) 机械伤害； (2) 高处坠落； (3) 烫伤	0.2	2	7	2.8	1	(1) 使用个人防护设备； (2) 设置隔离区
4	拆连接螺母、法兰	(1) 操作不当； (2) 支架侧翻； (3) 压力液体冲出	(1) 设备事故； (2) 机械伤害； (3) 高处坠落	1	2	7	14	1	拆解前固定消防设备
5	消防设备拆卸	(1) 作业人员站位不正确； (2) 无关人员误入作业区域； (3) 高处落物； (4) 高处作业失足； (5) 误碰机械设备	(1) 物体打击； (2) 设备事故； (3) 高处坠落； (4) 机械伤害	1	1	3	3	1	(1) 使用个人防护设备； (2) 设置隔离区
6	消防设备检修	人员操作不当	设备事故	3	2	1	6	1	加强人员培训

续表

编号	作业步骤	危害因素	可能导致的后果	风险评价					控制措施
				L	E	C	D	风险程度	
7	消防设备复位	(1) 作业人员站位不正确； (2) 无关人员误入作业区域； (3) 高处落物； (4) 高处作业失足； (5) 误碰机械设备	(1) 物体打击； (2) 设备事故； (3) 高处坠落； (4) 机械伤害	1	1	3	3	1	(1) 使用个人防护设备； (2) 设置隔离区
8	接动力、控制电缆	(1) 工作票未交给运行值班员； (2) 电源线裸露； (3) 接线错误	(1) 设备事故； (2) 触电	3	2	1	6	1	(1) 专人监护； (2) 工作票押回运行
9	开消防设备前后隔离阀	压力液体冲出	(1) 机械伤害； (2) 高处坠落； (3) 烫伤	0.2	2	7	2.8	1	(1) 使用个人防护设备； (2) 设置隔离区
10	消防设备调试	(1) 工作票未交给运行值班员； (2) 误碰机械转动部位	(1) 人身伤害； (2) 设备事故	1	1	1	1	1	(1) 专人监护； (2) 工作票押回运行
三	完工恢复								
1	结束工作	(1) 遗漏工器具； (2) 现场遗留检修杂物； (3) 不结束工作票	(1) 触电； (2) 人身伤害	6	3	1	18	1	(1) 收齐检查工器具； (2) 清扫检修现场； (3) 结束工作票

续表

编号	作业步骤	危害因素	可能导致的后果	风险评价					控制措施
				L	*E*	*C*	*D*	风险程度	
四	作业环境								
1	粉尘环境	(1) 石灰石粉仓产生石灰石粉； (2) 石灰石粉清理不当； (3) 呼吸系统保护不当	职业危害，导致呼吸系统疾病或眼睛伤害，如肺脏功能减低、鼻/喉发炎、皮炎	3	6	1	18	1	(1) 采取控制粉尘措施，加强日常维护； (2) 佩戴防尘口罩、呼吸器等； (3) 定期进行粉尘监测； (4) 定期体检； (5) 及时清扫地面，清理积灰
2	噪声环境	(1) 转动机械产生大量噪声； (2) 听力保护不当	职业危害，导致听力下降	3	6	1	18	1	正确佩戴耳塞

24 空气压缩机（CAS楼）大保养

<table>
<tr><td colspan="4">主要作业风险：
（1）灼烫，高温物体烫伤；
（2）未检查和测定系统压力就工作；
（3）人机工程危害</td><td colspan="6">控制措施：
（1）开工前，先办工作票，空气压缩机停机半小时后再工作；
（2）对空气压缩机手动门疏水阀门打开，进行卸压；
（3）工作前进行安全教育</td></tr>
<tr><th rowspan="2">编号</th><th rowspan="2">作业步骤</th><th rowspan="2">危害因素</th><th rowspan="2">可能导致的后果</th><th colspan="5">风险评价</th><th rowspan="2">控制措施</th></tr>
<tr><th>L</th><th>E</th><th>C</th><th>D</th><th>风险程度</th></tr>
<tr><td>一</td><td colspan="3">保养前准备</td><td></td><td></td><td></td><td></td><td></td><td></td></tr>
<tr><td>1</td><td>系统泄压</td><td>（1）未检查和测定系统压力就工作；
（2）系统未完全泄压导致气压外喷；
（3）放气管或管道局部堵塞</td><td>气压喷出致人身伤害</td><td>3</td><td>6</td><td>3</td><td>54</td><td>2</td><td>（1）办理工作票，确认执行安全措施；
（2）双人共同确认阀门上锁、挂警示牌；
（3）测量和确认系统泄压至零；
（4）使用面罩和安全带等防护用品</td></tr>
<tr><td>2</td><td>检修设备前验电</td><td>（1）误判无电；
（2）使用错误或破损的验电设备；
（3）触及其他带电部位</td><td>（1）触电、电弧灼伤；
（2）火灾</td><td>3</td><td>3</td><td>7</td><td>63</td><td>2</td><td>（1）双人共同确认正确的电源开关或设备位置；
（2）戴绝缘手套、面罩，穿绝缘鞋和防电弧服；
（3）按带电要求操作</td></tr>
<tr><td>3</td><td>切断水源</td><td>（1）关错阀门；
（2）阀门内漏或阀门未关到位；
（3）阀门位置位于受限空间或井孔内</td><td>（1）水喷出导致人身伤害；
（2）井孔坠落</td><td>3</td><td>3</td><td>7</td><td>63</td><td>2</td><td>（1）办理工作票，确认执行安全措施；
（2）提供良好通风；
（3）使用面罩和安全带等防护用品</td></tr>
</table>

续表

编号	作业步骤	危害因素	可能导致的后果	风险评价					控制措施
				L	*E*	*C*	*D*	风险程度	
4	电动葫芦或起吊小车	(1) 开关绝缘不良或损坏; (2) 吊钩和卡扣损坏脱扣砸人; (3) 钢丝绳毛刺或断裂; (4) 手摇机构故障; (5) 起吊物重心不稳或钢丝绳绑扎不当; (6) 物件过重超载	(1) 机械伤害; (2) 触电	3	6	7	126	3	(1) 使用前检查手摇机构、钢丝绳吊扣等; (2) 戴防护手套、安全帽; (3) 吊物必须捆绑牢固，保持重心稳定; (4) 设专人指挥起吊，避免吊物下站人; (5) 设置隔离措施
二	保养过程								
1	拆除和安装油气分离芯	机械伤害	人身伤害	3	2	1	6	1	穿戴劳保用品
2	手工搬运	(1) 手工搬运方法或搬运姿势不当; (2) 用力不当或蛮干; (3) 物件过重，未使用工具或机具; (4) 员工未经培训，缺乏经验	(1) 人机工程伤害，如肌肉拉伤、腰部或背部肌肉损伤; (2) 设备损坏	3	3	7	63	2	(1) 进行手工搬运培训; (2) 用正确姿势搬运; (3) 提供适当搬运工具或其他工具
3	使用手动工具	(1) 手动工具如敲击工具锤头松脱、破损等; (2) 使用不合适工具，小工具准备不全或遗漏等	(1) 人身伤害; (2) 设备损坏	3	2	1	6	1	(1) 检查各类工具符合安全要求; (2) 检查锤头与锤柄连接牢固; (3) 使用工具包

续表

编号	作业步骤	危害因素	可能导致的后果	风险评价					控制措施
				L	*E*	*C*	*D*	风险程度	
4	打开管线、法兰等	（1）未切断或局部积压高压气压泄出； （2）未切断或局部积压高压空气或水流泄出； （3）作业人员处于高压气压和水流喷出位置； （4）未使用防护面罩等劳动防护用品； （5）使用不合适工具或方法，如撬棒、气割等； （6）高处作业无合适平台、脚手架，不戴或不正确系安全带； （7）管线吊装等	（1）灼烫； （2）高处坠落； （3）其他人身伤害	1	6	7	42	2	（1）办理工作票和特殊作业票，执行安全措施，监护人到位； （2）作业人员必须参加管线打开培训； （3）双人共同确认阀门、上锁、挂警示牌； （4）测量和确认系统泄压至零； （5）做好现场安全隔离措施，如登高作业应检查平台、脚手架和防护围栏是否符合要求； （6）穿戴合适的工作服、防护鞋、防护面罩和安全带等； （7）管线打开松螺栓时应由远到近，避免面对管内物质可能喷出的位置； （8）对丝扣连接，打开时先松开1～2丝，确认无残余压力和残液泄漏后，再小心分离； （9）管线吊装必须符合吊装作业要求
三	完工恢复								
1	结束工作	（1）遗漏工器具； （2）现场遗留检修杂物； （3）不拆除临时用电； （4）不结束工作票	（1）触电； （2）人身伤害	1	3	1	3	1	（1）收齐检查工器具； （2）清扫检修现场； （3）拆除临时用电； （4）结束工作票

续表

编号	作业步骤	危害因素	可能导致的后果	风险评价					控制措施
				L	*E*	*C*	*D*	风险程度	
四	作业环境								
1	暴露在高噪声环境下作业	(1) 发电厂运行风机、压缩机、高压气流引起噪声或缺乏维护； (2) 员工没有佩戴合适听力防护用品，如耳塞、耳罩等； (3) 听力防护用品使用不当	职业危害，如听力下降、致聋	1	6	3	18	1	(1) 采取控制噪声措施，加强日常维护； (2) 佩戴耳塞，在特高噪声区使用耳罩； (3) 定期进行噪声监测； (4) 对员工进行听力基础及比较测试

25 空气压缩机（主厂房）大保养

主要作业风险： （1）灼烫，高温物体烫伤； （2）未检查和测定系统压力就工作； （3）人机工程危害									**控制措施：** （1）开工前，先办工作票，空气压缩机停机半小时后再工作； （2）对空气压缩机手动门疏水阀门打开，进行卸压； （3）工作前进行安全教育
编号	**作业步骤**	**危害因素**	**可能导致的后果**	**风险评价**					**控制措施**
				L	***E***	***C***	***D***	**风险程度**	
一	保养前准备								
1	系统泄压	（1）未检查和测定系统压力就工作； （2）系统未完全泄压导致气流外喷； （3）放气管或管道局部堵塞	气流喷出致人身伤害	3	6	3	54	2	（1）办理工作票，确认执行安全措施； （2）双人共同确认阀门上锁、挂警示牌； （3）测量和确认系统泄压至零； （4）使用面罩和安全带等防护用品
2	保养设备前验电	（1）误判无电； （2）使用错误或破损的验电设备； （3）触及其他带电部位	（1）触电、电弧灼伤； （2）火灾	3	3	7	63	2	（1）双人共同确认正确的电开关或设备位置； （2）戴绝缘手套、面罩，穿绝缘鞋和防电弧服； （3）按带电要求操作
3	切断水源	（1）关错阀门； （2）阀门内漏或阀门未关到位； （3）阀门位置位于受限空间或井孔内	（1）水喷出导致人身伤害； （2）井孔坠落	3	3	7	63	2	（1）办理工作票，确认执行安全措施； （2）提供良好通风； （3）使用面罩和安全带等防护用品

续表

编号	作业步骤	危害因素	可能导致的后果	风险评价					控制措施
				L	*E*	*C*	*D*	风险程度	
二	保养过程								
1	拆除和安装油气分离芯	机械伤害	人身伤害	3	2	1	6	1	穿戴劳保用品
2	手工搬运	（1）手工搬运方法或搬运姿势不当； （2）用力不当或蛮干； （3）物件过重，未使用工具或机具； （4）员工未经培训，缺乏经验	（1）人机工程伤害，如肌肉拉伤、腰部或背部肌肉损伤； （2）设备损坏	3	3	7	63	2	（1）进行手工搬运培训； （2）用正确姿势搬运； （3）提供适当搬运工具或其他工具
3	使用手动工具	（1）手动工具如敲击工具锤头松脱、破损等； （2）使用不合适工具，小工具准备不全或遗漏等	（1）人身伤害； （2）设备损坏	3	2	1	6	1	（1）检查各类工具符合安全要求； （2）检查锤头与锤柄连接牢固； （3）使用工具包
4	打开管线、法兰等	（1）未切断或局部积压高压气流泄出； （2）未切断或局部积压高压水流泄出； （3）作业人员处于高压气流和水流喷出位置； （4）未使用防护面罩等劳动防护用品；	（1）灼烫； （2）高处坠落； （3）其他人身伤害	1	6	7	42	2	（1）办理工作票和特殊作业票，执行安全措施，监护人到位； （2）作业人员必须参加管线打开培训； （3）双人共同确认阀门上锁、挂警示牌； （4）测量和确认系统泄压至零；

续表

编号	作业步骤	危害因素	可能导致的后果	风险评价					控制措施
				L	E	C	D	风险程度	
4	打开管线、法兰等	（5）使用不合适工具或方法，如撬棒、气割等； （6）高处作业无合适平台、脚手架，不戴或未正确系安全带； （7）管线吊装等	（1）灼烫； （2）高处坠落； （3）其他人身伤害	1	6	7	42	2	（5）做好现场安全隔离措施，如为登高作业，应检查平台、脚手架和防护围栏是否符合要求； （6）穿戴合适的工作服、防护鞋、防护面罩和安全带等； （7）管线打开松螺栓时应由远到近，避免面对管内物质可能喷出的位置； （8）对丝扣连接，打开时先松开1～2丝，确认无残余压力和残液泄漏后，再小心分离； （9）管线吊装必须符合吊装作业要求
三	完工恢复								
1	结束工作	（1）遗漏工器具； （2）现场遗留检修杂物； （3）不拆除临时用电； （4）不结束工作票	（1）触电； （2）人身伤害	1	3	1	3	1	（1）收齐检查工器具； （2）清扫检修现场； （3）拆除临时用电； （4）结束工作票
四	作业环境								
1	暴露在高噪声环境下作业	（1）发电厂运行风机、压缩机、高压气流引起噪声或缺乏维护；	职业危害，如听力下降、致聋	1	6	3	18	1	（1）采取控制噪声措施，加强日常维护； （2）佩戴耳塞，在特高噪声区使用耳罩；

续表

编号	作业步骤	危害因素	可能导致的后果	风险评价					控制措施
				L	*E*	*C*	*D*	风险程度	
1	暴露在高噪声环境下作业	（2）员工没有佩戴合适听力防护用品，如耳塞、耳罩等； （3）听力防护用品使用不当	职业危害，如听力下降、致聋	1	6	3	18	1	（3）定期进行噪声监测； （4）对员工进行听力基础及比较测试
五	以往发生的事件								
1	蝶阀卡死	P3压力低	空压机不能正常启动	1	3	3	9	1	（1）蝶阀进行改造； （2）按时对蝶阀进行维修

26　空气压缩机检修

主要作业风险： （1）灼烫，高温物体烫伤； （2）未检查和测定系统压力就工作； （3）人机工程危害				控制措施： （1）开工前，先办工作票，空气压缩机停机半小时后再工作； （2）对空气压缩机手动门疏水阀门打开，进行卸压； （3）工作前进行安全教育					
编号	作业步骤	危害因素	可能导致的后果	风险评价					控制措施
				L	*E*	*C*	*D*	风险程度	
一	检修前准备								
1	系统泄压	（1）未检查和测定系统压力就工作； （2）系统未完全泄压导致气流外喷； （3）放气管或管道局部堵塞	气流喷出致人身伤害	3	6	3	54	2	（1）办理工作票，确认执行安全措施； （2）双人共同确认阀门上锁、挂警示牌； （3）测量和确认系统泄压至零； （4）使用面罩和安全带等防护用品
2	检修设备前验电	（1）误判无电； （2）使用错误或破损的验电设备； （3）触及其他带电部位	（1）触电、电弧灼伤； （2）火灾	3	3	7	63	2	（1）双人共同确认正确的电源开关或设备位置； （2）戴绝缘手套、面罩，穿绝缘鞋和防电弧服； （3）按带电要求操作
3	切断水源	（1）关错阀门； （2）阀门内漏或阀门未关到位； （3）阀门位置位于受限空间或井孔内	（1）水喷出导致人身伤害； （2）井孔坠落	3	3	7	63	2	（1）办理工作票，确认执行安全措施； （2）提供良好通风； （3）使用面罩和安全带等防护用品

续表

编号	作业步骤	危害因素	可能导致的后果	风险评价					控制措施
				L	*E*	*C*	*D*	风险程度	
二	检修过程								
1	手工搬运	（1）手工搬运方法或搬运姿势不当； （2）用力不当或蛮干； （3）物件过重，未使用工具或机具； （4）员工未经培训，缺乏经验	（1）人机工程伤害，如肌肉拉伤、腰部或背部肌肉损伤； （2）设备损坏	3	3	7	63	2	（1）进行手工搬运培训； （2）用正确姿势搬运； （3）提供适当搬运工具或其他工具
2	使用手动工具	（1）手动工具如敲击工具锤头松脱、破损等； （2）使用不合适工具，小工具准备不全或遗漏等	（1）人身伤害； （2）设备损坏	3	2	1	6	1	（1）检查各类工具符合安全要求； （2）检查锤头与锤柄连接牢固； （3）使用工具包
3	打开管线、法兰等	（1）未切断或局部枳压高压气流泄出； （2）未切断或局部积压高压水流泄出； （3）作业人员处于高压气流和水流喷出位置； （4）未使用防护面罩等劳动防护用品； （5）使用不合适工具或方法如撬棒、气割等；	（1）灼烫； （2）高处坠落； （3）其他人身伤害	1	6	7	42	2	（1）办理工作票和特殊作业票，执行安全措施，监护人到位； （2）作业人员必须参加管线打开培训； （3）双人共同确认阀门上锁、挂警示牌； （4）测量和确认系统泄压至零； （5）做好现场安全隔离措施，如为登高作业，应检查平台、脚手架和防护围栏是否符合要求；

续表

编号	作业步骤	危害因素	可能导致的后果	风险评价					控制措施
				L	E	C	D	风险程度	
3	打开管线、法兰等	(6) 高处作业无合适平台、脚手架，不戴或未正确系安全带； (7) 管线吊装等	(1) 灼烫； (2) 高处坠落； (3) 其他人身伤害	1	6	7	42	2	(6) 穿戴合适的工作服、防护鞋、防护面罩和安全带等； (7) 管线打开松螺栓时应由远到近，避免面对管内物质可能喷出的位置； (8) 对丝扣连接，打开时先松开1～2丝，确认无残余压力和残液泄漏后，再小心分离； (9) 管线吊装必须符合吊装作业要求
三	完工恢复								
1	结束工作	(1) 遗漏工器具； (2) 现场遗留检修杂物； (3) 不拆除临时用电； (4) 不结束工作票	(1) 触电； (2) 人身伤害	1	3	15	45	2	(1) 收齐检查工器具； (2) 清扫检修现场； (3) 拆除临时用电； (4) 结束工作票
四	作业环境								
1	暴露在高噪声环境下作业	(1) 发电厂运行风机、压缩机、高压气流引起噪声或缺乏维护； (2) 员工没有佩戴合适听力防护用品，如耳塞、耳罩等； (3) 听力防护用品使用不当	职业危害，如听力下降，致聋	1	6	3	18	1	(1) 采取控制噪声措施，加强日常维护； (2) 佩戴耳塞，在特高噪声区使用耳罩； (3) 定期进行噪声监测； (4) 对员工进行听力基础及比较测试

27 空气压缩机系统巡检

主要作业风险： （1）物坠落伤害； （2）烫伤； （3）触电； （4）机械伤害； （5）其他伤害	控制措施： （1）巡检时带好、带全必要的工器具； （2）巡检时带好对讲机； （3）按规定的路线巡检； （4）巡检前应做好事故预想

编号	作业步骤	危害因素	可能导致的后果	风险评价					控制措施
				L	*E*	*C*	*D*	风险程度	
一	巡检前准备								
1	向值班负责人汇报巡检内容	去向不明	伤害后得不到及时救援	1	10	15	150	3	（1）加强沟通； （2）交待安全注意事项； （3）正确佩戴安全帽； （4）规范着装（穿长袖工作服、袖口扣好、衣服钮好）； （5）穿劳动保护鞋； （6）携带通信工具； （7）携带手电筒，电源要充足，亮度要足够； （8）必要时戴耳塞； （9）巡检过程中不得边走边输入运行参数
2	值班负责人核实并批准，交代安全注意事项	工作无序，去向不明	伤害后得不到及时救援	1	10	15	150	3	
3	选择合适的工器具	工器具不合适	绊倒、摔伤	10	10	1	100	3	
4	准备合适的防护用具	不合适的防护造成伤害	烫伤、化学伤害、滑跌绊跌、碰撞	6	10	15	900	5	

续表

编号	作业步骤	危害因素	可能导致的后果	风险评价					控制措施
				L	E	C	D	风险程度	
二	巡检内容								
1	空气压缩机站	空气压缩机油位计检查	过大的噪声造成听觉神经伤害	3	10	1	30	2	(1) 尽量远离，定期检查； (2) 戴耳塞，不长时间逗留； (3) 不得触摸机械的转动及移动部位，及时清理油污； (4) 检查电动机金属外壳接地良好，否则禁止触摸； (5) 行走时看清前方、地面状况； (6) 关闭柜门时避免机械挤压； (7) 采用吸音壁或使用耳罩
		噪声	过大的噪声造成听觉神经伤害	3	10	1	30	2	
		机械转动	机械伤害	1	10	3	30	2	
		电动机接地不良	触电	1	10	15	150	3	
		管路布置复杂	管路磕碰	1	10	1	10	1	
		地面有积水积油	滑倒、摔伤	1	10	1	10	1	
		空气压缩机柜门开关	机械伤害、手部伤害	0.5	10	1	5	1	
2	干燥器	噪声	过大的噪声造成听觉神经伤害	3	10	1	30	2	(1) 戴耳塞，不长时间逗留； (2) 使用耳罩； (3) 行走时看清前方、地面状况
		管路布置复杂	管路磕碰	1	10	1	10	1	
		地面有积水、积油	滑倒、摔伤	1	10	1	10	1	
3	储气罐	爆破	因罐体锈蚀导致爆破伤害	0.5	10	15	75	3	(1) 不长时间停留； (2) 定期或不定期进行罐体及安全阀检查
三	巡检路线								
1	干燥器与空气压缩机巡检通道	地面有积水、积油	滑倒、摔伤	1	10	1	10	1	(1) 行走时看清前方、地面状况； (2) 增设饮水凹槽及更换为防滑地砖

28 空气压缩机小保养

主要作业风险： （1）灼烫，高温物体烫伤； （2）未检查和测定系统压力就工作； （3）人机工程危害				控制措施： （1）开工前，先办工作票，空气压缩机停机半小时后再工作； （2）对空气压缩机手动门疏水阀门打开，进行卸压； （3）工作前进行安全教育					
编号	作业步骤	危害因素	可能导致的后果	风险评价					控制措施
				L	*E*	*C*	*D*	风险程度	
一	保养前准备								
1	系统泄压	（1）未检查和测定系统压力就工作； （2）系统未完全泄压导致气流外喷； （3）放气管或管道局部堵塞	气流喷出至人身伤害	3	6	3	54	2	（1）办理工作票，确认执行安全措施； （2）双人共同确认阀门上锁、挂警示牌； （3）测量和确认系统泄压至零； （4）使用面罩和安全带等防护用品
2	检修设备前验电	（1）误判无电； （2）使用错误或破损的验电设备； （3）触及其他带电部位	（1）触电、电弧灼伤； （2）火灾	3	3	7	63	2	（1）双人共同确认正确的电源开关或设备位置； （2）戴绝缘手套、面罩，穿绝缘鞋和防电弧服； （3）按带电要求操作
3	切断水源	（1）关错阀门； （2）阀门内漏或阀门未关到位； （3）阀门位置位于受限空间或井孔内	（1）水喷出导致人身伤害； （2）井孔坠落	3	3	7	63	2	（1）办理工作票，确认执行安全措施； （2）提供良好通风； （3）使用面罩和安全带等防护用品

续表

编号	作业步骤	危害因素	可能导致的后果	风险评价					控制措施
				L	E	C	D	风险程度	
二	保养过程								
1	手工搬运	(1) 手工搬运方法或搬运姿势不当； (2) 用力不当或蛮干； (3) 物件过重，未使用工具或机具； (4) 员工未经培训，缺乏经验	(1) 人机工程伤害，如肌肉拉伤、腰部或背部肌肉损伤； (2) 设备损坏	3	3	7	63	2	(1) 进行手工搬运培训； (2) 用正确姿势搬运； (3) 提供适当搬运工具或其他工具
2	使用手动工具	(1) 手动工具如敲击工具锤头松脱、破损等； (2) 使用不合适工具，小工具准备不全或遗漏等	(1) 人身伤害； (2) 设备损坏	3	2	1	6	1	(1) 检查各类工具符合安全要求； (2) 检查锤头与锤柄连接牢固； (3) 使用工具包
3	打开管线、法兰等	(1) 未切断或局部积压高压气流泄出； (2) 未切断或局部积压高压水流泄出； (3) 作业人员处于高压气流和水流喷出位置； (4) 未使用防护面罩等劳动防护用品； (5) 使用不合适工具或方法，如撬棒、气割等；	(1) 灼烫； (2) 高处坠落； (3) 其他人身伤害	1	6	7	42	2	(1) 办理工作票和特殊作业票，执行安全措施，监护人到位； (2) 作业人员必须参加管线打开培训； (3) 双人共同确认阀门上锁、挂警示牌； (4) 测量和确认系统泄压至零； (5) 做好现场安全隔离措施，如为登高作业，应检查平台、脚手架和防护围栏是否符合要求；

续表

编号	作业步骤	危害因素	可能导致的后果	风险评价					控制措施
				L	E	C	D	风险程度	
3	打开管线、法兰等	(6) 高处作业无合适平台、脚手架，不戴或未正确系安全带； (7) 管线吊装等	(1) 灼烫； (2) 高处坠落； (3) 其他人身伤害	1	6	7	42	2	(6) 穿戴合适的工作服、防护鞋、防护面罩和安全带等； (7) 管线打开松螺栓时应由远到近，避免面对管内物质可能喷出的位置； (8) 对丝扣连接，打开时先松开1～2丝，确认无残余压力和残液泄漏后，再小心分离； (9) 管线吊装必须符合吊装作业要求
三	完工恢复								
1	结束工作	(1) 遗漏工器具； (2) 现场遗留检修杂物； (3) 不拆除临时用电； (4) 不结束工作票	(1) 触电； (2) 人身伤害	1	3	1	3	1	(1) 收齐检查工器具； (2) 清扫检修现场； (3) 拆除临时用电； (4) 结束工作票
四	作业环境								
1	暴露在高噪声环境下作业	(1) 发电厂运行风机、压缩机、高压气流引起噪声或缺乏维护； (2) 员工没有佩戴合适听力防护用品，如耳塞、耳罩等； (3) 听力防护用品使用不当	职业危害，如听力下降，致聋	1	6	3	18	1	(1) 采取控制噪声措施，加强日常维护； (2) 佩戴耳塞，在特高噪声区使用耳罩； (3) 定期进行噪声监测； (4) 对员工进行听力基础及比较测试

29 轮式机车维修保养

主要作业风险： （1）易燃易爆气体发生爆炸造成火灾； （2）触电； （3）吊装不当引起人身伤害	控制措施： （1）维修人员必须具有维修资质； （2）执行安全措施，监护人到位； （3）检查电源； （4）定期对起重设备进行设备检验； （5）作业人员必须参加动火作业培训

编号	作业步骤	危害因素	可能导致的后果	风险评价					控制措施
				L	*E*	*C*	*D*	风险程度	
一	维护前准备								
1	工作交底，准备维修所需工器具、材料	（1）未确认维护人员工作资质； （2）未准备好所需工具、材料	（1）人身伤害； （2）车辆损坏	3	6	3	54	2	（1）确认维护人员资质； （2）作业前做好准备工作； （3）准备好所需工具、材料
2	准备防护用品	（1）未穿防滑鞋； （2）未戴好劳保手套； （3）未穿连体工作服	人身伤害	3	6	3	54	2	（1）穿好防滑鞋； （2）戴好劳保手套； （3）穿好连体工作服
3	动火作业（气割、气焊、电焊）	（1）附近有易燃易爆气体或易燃物； （2）气管老化、漏气、打结，未使用氧气减压器和乙炔回火阀； （3）气管与钢瓶接口没有固定；	（1）火灾； （2）化学爆炸； （3）人身伤害	1	3	40	120	3	（1）执行安全措施，监护人到位； （2）作业人员必须参加动火作业培训； （3）检查气管有无破损，使用氧气减压器和乙炔回火阀； （4）氧气瓶、乙炔瓶垂直放置并固定，距离不小于8m；

续表

编号	作业步骤	危害因素	可能导致的后果	风险评价					控制措施
				L	*E*	*C*	*D*	风险程度	
3	动火作业（气割、气焊、电焊）	（4）气体钢瓶没有固定； （5）乙炔气瓶与氧气钢瓶距离太近； （6）没有使用阻燃垫； （7）割渣飞溅，没有使用阻燃垫； （8）没有穿戴或使用不合适的工作服、防护鞋、防护眼镜和面罩等； （9）交叉作业或登高作业	（1）火灾； （2）化学爆炸； （3）人身伤害	1	3	40	120	3	（5）做好防火隔离措施，如使用阻燃垫和警示标识，准备灭火器等； （6）穿戴合适的工作服、防护鞋、防护眼镜、面罩和安全带等； （7）交叉作业及时沟通和设置警示
4	临时用电	（1）电源、电压等级和接线方式不符要求； （2）负荷过载	（1）触电； （2）火灾	1	6	7	42	2	（1）检查电源； （2）验电
5	准备起重设备	（1）起重设备未检验合格； （2）超过限高、限重	（1）高处坠落； （2）设备损坏	1	6	7	42	2	（1）定期进行设备检验； （2）不超过起重设备的限高、限重
二	机车维护作业								
1	车辆停至维修车间	（1）车辆停放位置不对； （2）未配专职驾驶员操作	（1）车辆损坏； （2）人身伤害	3	6	1	18	1	（1）专人进行指挥车辆停放； （2）必须由专职驾驶员驾驶该车辆
2	切断车辆电源	未将钥匙从车上拔出，发生车辆误启动	（1）车辆损坏； （2）人身伤害	1	6	3	18	1	车辆停好后及时将钥匙从车上拔出，切断车辆电源，防止误启动

续表

编号	作业步骤	危害因素	可能导致的后果	风险评价					控制措施
				L	*E*	*C*	*D*	风险程度	
3	维修人员进入维修车间地沟作业	（1）地沟内有残留油渍、积水； （2）地沟内有维修剩余杂物	人身伤害	3	6	1	18	1	（1）必须穿好防滑鞋； （2）前次作业后必须将地沟清理干净
4	起吊车架物件（使用电动葫芦起吊车架物件）	（1）开关绝缘不良或损坏； （2）吊钩和卡扣损坏，脱扣砸人； （3）钢丝绳毛刺或断裂； （4）手摇机构故障； （5）起吊物重心不稳或绑扎不当； （6）物件过重超载	（1）机械伤害； （2）触电； （3）人身伤害； （4）高处坠落	3	3	7	63	2	（1）使用前检查手摇机构、钢丝绳吊扣等； （2）戴防护手套、安全帽； （3）吊物必须捆绑牢固，保持重心稳定； （4）设专人指挥起吊，避免吊物下站人； （5）设置隔离措施
5	检修车辆（包括卸轴承、清洗配件）	（1）动火作业（气焊、气割、电焊）； （2）工器具使用不当； （3）油料添加不当，加多后可能漏至地面； （4）卸拉用品损坏； （5）被高温轴承烫伤； （6）接触有毒清洗剂； （7）清洗剂易燃易爆	（1）人身伤害； （2）设备故障； （3）火灾	1	6	7	42	2	（1）穿连体工作服； （2）穿防护鞋； （3）戴阻燃布手套； （4）戴防腐蚀手套； （5）准备灭火器

续表

编号	作业步骤	危害因素	可能导致的后果	风险评价					控制措施
				L	*E*	*C*	*D*	风险程度	
6	整车装配	（1）零部件伤人； （2）配件误装或漏装； （3）电动葫芦吊装不当	（1）人身伤害； （2）设备故障	1	3	7	21	2	（1）穿连体工作服； （2）穿防护鞋； （3）戴防护手套； （4）设专人指挥起吊，避免吊物下站人
7	车辆试运行	（1）未配专职驾驶员驾驶； （2）启动前未检查； （3）现场无维修人员监护	（1）人身伤害； （2）车辆故障	3	3	7	63	2	（1）必须由专职驾驶员驾驶； （2）启动前进行全面检查； （3）现场必须有维修人员监护
8	车辆驶离维修车间	（1）未配专职驾驶员驾驶； （2）现场无专人指挥	（1）人身伤害； （2）车辆故障	3	6	1	18	1	（1）必须由专职驾驶员驾驶车辆； （2）现场必须有专人指挥车辆驶离
三	完工恢复								
1	清理维修现场	（1）遗漏工器具； （2）现场遗留检修杂物； （3）不拆除临时用电	（1）人身伤害； （2）触电	1	3	15	45	2	（1）收齐检查工器具； （2）清扫检修现场； （3）拆除临时用电
四	作业环境								
1	在噪声环境下作业	（1）设备维修引起噪声； （2）发动机发动引起噪声； （3）员工没有佩戴合适防护用品，如耳塞、耳罩等	职业危害，如听力下降、致聋	1	6	7	42	2	（1）采取控制噪声措施； （2）在高噪声时佩戴耳塞

30 罗茨风机检修

<table>
<tr><td colspan="4">**主要作业风险：**
（1）人身伤害；
（2）设备伤害</td><td colspan="6">**控制措施：**
（1）使用前确认类工具型号和标示；
（2）平时加强本身的技能培训；
（3）工作负责人对工作人员进行安全交底</td></tr>
<tr><td rowspan="2">编号</td><td rowspan="2">作业步骤</td><td rowspan="2">危害因素</td><td rowspan="2">可能导致的后果</td><td colspan="5">风险评价</td><td rowspan="2">控制措施</td></tr>
<tr><td>*L*</td><td>*E*</td><td>*C*</td><td>*D*</td><td>风险程度</td></tr>
<tr><td>一</td><td colspan="3">检修前准备</td><td></td><td></td><td></td><td></td><td></td><td></td></tr>
<tr><td>1</td><td>确认安全措施执行完毕</td><td>安全措施未执行完毕或不正确</td><td>物体打击</td><td>3</td><td>1</td><td>3</td><td>9</td><td>1</td><td>工作负责人和运行人员共同到现场确认安全措施已执行完毕</td></tr>
<tr><td>2</td><td>准备手动工具</td><td>（1）手动工具如敲击工具锤头松脱、破损等；
（2）使用不合适工具，小工具准备不全或遗漏</td><td>机械伤害</td><td>6</td><td>1</td><td>1</td><td>6</td><td>1</td><td>（1）使用前确认类工具型号和标示；
（2）使用前确认工具完好合格</td></tr>
<tr><td>3</td><td>布置场地</td><td>（1）工具摆放凌乱；
（2）场地选择不当</td><td>物体打击</td><td>3</td><td>1</td><td>1</td><td>3</td><td>1</td><td>（1）严格执行定置管理要求；
（2）正确使用工器具</td></tr>
<tr><td>4</td><td>准备防护用品</td><td>防护用品破损</td><td>机械伤害</td><td>3</td><td>1</td><td>1</td><td>3</td><td>1</td><td>确认防护用品无破损</td></tr>
<tr><td>5</td><td>安全交底</td><td>安全未交底</td><td>物体打击</td><td>3</td><td>1</td><td>3</td><td>9</td><td>1</td><td>工作负责人对工作人员进行安全交底</td></tr>
<tr><td>二</td><td colspan="3">检修过程</td><td></td><td></td><td></td><td></td><td></td><td></td></tr>
<tr><td>1</td><td>联系电气人员拆线</td><td>（1）拆下的螺栓胡乱摆放；
（2）螺栓难以松卸</td><td>机械伤害</td><td>3</td><td>1</td><td>1</td><td>3</td><td>1</td><td>拆下来的东西按照定置要求摆放</td></tr>
</table>

续表

编号	作业步骤	危害因素	可能导致的后果	风险评价					控制措施
				L	*E*	*C*	*D*	风险程度	
2	拆除所有连接（进出口法兰、地脚螺丝等）	（1）使用工具不当； （2）工具滑脱； （3）零部件遗失、错位	机械伤害	3	1	1	3	1	（1）戴手套； （2）拆下的部件进行定置管理
3	将齿轮箱的油放掉	放油的时候齿轮箱侧翻	机械伤害	3	1	1	3	1	多人合作将齿轮箱油放掉
4	加油	需要更换的油不匹配及加油过多或过少	机械伤害	3	1	1	3	1	需要更换的油匹配及加油适量
5	检查滤芯及三角带	需要更换的滤芯及三角带不匹配	机械伤害	3	1	1	3	1	需要更换的滤芯及三角带匹配
三	完工恢复								
1	整体试转	（1）工作票未交给运行值班员； （2）电源线外露； （3）电源线盒位盖未扣严密； （4）触碰电机及机械转动部位； （5）泵各系统未恢复正确	（1）触电； （2）机械伤害	3	1	3	9	1	（1）穿绝缘鞋和防电弧服； （2）专人监护； （3）泵各系统恢复正确
2	清理现场	现场杂乱	物体打击	3	0.5	3	4.5	1	工完料尽场地清

续表

编号	作业步骤	危害因素	可能导致的后果	风险评价					控制措施
				L	*E*	*C*	*D*	风险程度	
四	作业环境								
1	潮湿环境，更换后剩下的废油较多	（1）地上有水； （2）废油污染环境	物体打击	3	1	1	3	1	（1）有专人打扫； （2）换下的润滑油必须放入废油桶，不得随意倾倒

31 暖管、疏水、排气操作

<table>
<tr><td colspan="4">**主要作业风险：**
（1）因工作对象不清或填错操作票造成误操作设备；
（2）错误选择工器具造成设备损坏和人身伤害；
（3）未正确佩戴劳动防护用品导致人身伤害；
（4）因未选择合适的操作位置导致高处坠落、物体打击等</td><td colspan="6">**控制措施：**
（1）执行发令复诵制度、核对现场设备双重名称；
（2）正确填写和核对操作票，执行操作监护制度；
（3）操作时选择合适的工器具；
（4）操作时正确穿戴劳动防护用品；
（5）携带良好的通信工具和手电筒；
（6）正确佩戴劳动防护工具</td></tr>
<tr><td rowspan="2">**编号**</td><td rowspan="2">**作业步骤**</td><td rowspan="2">**危害因素**</td><td rowspan="2">**可能导致的后果**</td><td colspan="5">**风险评价**</td><td rowspan="2">**控制措施**</td></tr>
<tr><td>*L*</td><td>*E*</td><td>*C*</td><td>*D*</td><td>**风险程度**</td></tr>
<tr><td>一</td><td colspan="3">操作前准备</td><td></td><td></td><td></td><td></td><td></td><td></td></tr>
<tr><td>1</td><td>接收指令</td><td>工作对象不清楚</td><td>（1）机械伤害；
（2）设备异常</td><td>3</td><td>6</td><td>7</td><td>126</td><td>3</td><td>（1）确认目的，防止弄错对象；
（2）工作负责人再确认</td></tr>
<tr><td>2</td><td>操作对象核对</td><td>错误操作其他的设备</td><td>（1）机械伤害；
（2）设备异常</td><td>3</td><td>6</td><td>7</td><td>126</td><td>3</td><td>（1）正确核对现场设备名称及标牌或系统图；
（2）工作负责人再确认；
（3）按规定执行操作监护；
（4）明确操作人、监护人及现场检查人，以便对口联系</td></tr>
<tr><td>3</td><td>填写操作票</td><td>填错操作票</td><td>（1）机械伤害；
（2）设备异常</td><td>3</td><td>6</td><td>7</td><td>126</td><td>3</td><td>（1）正确填写和检查操作票填写内容正确；
（2）工作负责人再确认；
（3）严格执行操作监护制度</td></tr>
</table>

续表

编号	作业步骤	危害因素	可能导致的后果	风险评价					控制措施
				L	E	C	D	风险程度	
4	选择合适的工器具	工器具选择不当	机械伤害	1	6	7	42	2	（1）根据检查操作内容，携带必需的工具，如对讲机、测振仪； （2）检查所用的工具必须完好； （3）正确使用工器具； （4）携带可靠通信工具，操作时保持联系； （5）出现异常情况及时与控制室联系，紧急情况联系主控室紧急停用
5	穿戴合适的防护用品	（1）穿戴不合适的防护用品； （2）炉底水外溅； （3）地面跌滑； （4）高处落物	（1）物体打击； （2）机械伤害； （3）灼烫； （4）高处坠落； （5）其他伤害	1	6	7	42	2	（1）正确佩戴安全帽； （2）规范着装（袖口扣好、衣服钮好）； （3）穿劳动保护鞋； （4）携带通信工具； （5）携带手电筒，电源要充足，亮度要足够； （6）必要时戴好耳塞;； （7）佩戴口罩
二	操作内容								
1	现场观察环境	（1）介质泄漏； （2）异常情况（异常声响、异常气味等）	作业环境危害	3	1	15	45	2	（1）若已存在外漏无法控制，停止操作，汇报； （2）在没有确认泄漏程度时，不准靠近泄漏点

续表

编号	作业步骤	危害因素	可能导致的后果	风险评价					控制措施
				L	*E*	*C*	*D*	风险程度	
2	再次核对操作对象	误动非操作对象	(1) 灼烫； (2) 其他伤害； (3) 设备异常	3	1	15	45	2	按规定执行操作监护
3	暖管操作	(1) 发生水击爆炸； (2) 操作过程中出现泄漏； (3) 操作中跌倒； (4) 阀钩滑脱； (5) 操作中碰到周围高温热体； (6) 高处落物； (7) 暖管不够充分； (8) 管道剧烈晃动	(1) 灼烫； (2) 爆炸； (3) 其他伤害； (4) 物体打击； (5) 设备异常	1	3	3	9	1	(1) 检查周边高温管、阀保温完整； (2) 尽量避免靠近或接触高温物体； (3) 选择合理的操作位置，不准站在阀杆的正对面； (4) 考虑好泄漏、爆裂时的避让或撤离路线，必须通畅； (5) 不得正对或靠近泄漏点； (6) 操作时远离疏放水口； (7) 在泄漏声较大或刺耳时应戴耳塞； (8) 检查系统上已无人工作； (9) 缓慢均匀地开启阀门，对管道和容器进行预暖，缓慢操作，避免管系冲击损坏； (10) 预暖结束后方可缓慢均匀地将阀门开足

续表

编号	作业步骤	危害因素	可能导致的后果	风险评价					控制措施
				L	E	C	D	风险程度	
4	疏水操作	（1）发生水击； （2）操作过程中出现泄漏； （3）操作中跌倒； （4）阀钩滑脱； （5）操作中碰到周围热体； （6）高处落物； （7）疏水阀门开度过大； （8）疏水阀门开度过小； （9）疏水不够充分； （10）一二次阀门操作顺序不当	（1）灼烫； （2）高处坠落； （3）物体打击； （4）设备异常	1	3	15	45	2	（1）检查系统上已无人工作； （2）检查周边高温管、阀门保温完整； （3）尽量避免靠近或接触高温物体； （4）选择合理的操作位置； （5）缓慢均匀地开启阀门，对管道和容器进行预暖，缓慢操作，避免管系冲击损坏； （6）预暖结束后方可缓慢均匀地将阀门开足； （7）考虑好泄漏、爆裂时的撤离线路； （8）不得正对或靠近泄漏点； （9）操作时远离疏放水口
5	排气操作	（1）操作中跌倒； （2）阀钩滑脱； （3）操作中碰到周围热体； （4）未及时关闭； （5）水淹其他设备	（1）物体打击； （2）灼烫； （3）高处坠落； （4）设备异常	1	3	15	45	2	（1）检查系统上已无人工作； （2）检查周边高温管、阀门保温完整； （3）尽量避免靠近或接触高温物体； （4）选择合理的操作位置； （5）采用正确的操作方法； （6）考虑好泄漏、爆裂时的撤离线路； （7）不得正对或靠近排气口

续表

编号	作业步骤	危害因素	可能导致的后果	风险评价					控制措施
				L	*E*	*C*	*D*	风险程度	
三	作业环境								
1	操作环境	(1) 噪声； (2) 管路布置复杂	(1) 作业环境伤害； (2) 其他伤害	1	10	1	10	1	(1) 采取控制噪声措施，在高噪声时佩戴耳塞； (2) 照明良好，并携带足够亮度的手电筒
四	以往发生的事件								
1	1号机组除氧器疏水至机组排水槽	管道水击，晃动变形	(1) 灼烫； (2) 设备异常	6	6	1	36	2	(1) 操作必须由两个有经验的人进行，一人操作，一人监护； (2) 正确佩戴安全帽，戴防护手套，穿劳动保护鞋； (3) 穿合适的长袖工作服，衣服和袖口必须扣好； (4) 必要时带上手电筒； (5) 必要时使用防护面罩； (6) 操作中必须充分暖管、疏水、排气； (7) 发生水击时应立即停止操作并迅速撤离； (8) 当操作人员发生意外伤害时，监护人员应立即汇报值长并请求救护人员到场； (9) 在有泄漏蒸汽的空间内防止窒息

32 暖通设备（燃料、脱硫区域）检修

主要作业风险：	控制措施：
（1）因切断电源时拉错开关、走错间隔或误送电，验电时误判无电或触及其他有电部位，以及信号开关设备试转时造成触电、电弧灼伤、火灾和其他人身伤害和设备事故； （2）检修时周围有转动机械造成人身伤害； （3）检修现场周围存在孔洞围栏不牢固，造成人员跌落； （4）周围工作环境对人身健康造成的影响	（1）办理工作票、切断电源，在开关处挂牌； （2）检修工作开始前工作负责人检查检修现场孔洞围栏是否牢固，在检修区域增设围栏并悬挂警告牌； （3）工作人员正确使用个人防护设备

编号	作业步骤	危害因素	可能导致的后果	风险评价					控制措施
				L	*E*	*C*	*D*	风险程度	
一	检修前准备								
1	确认工作票安全措施执行	（1）拉错开关、走错间隔或误送电导致设备带电或误动； （2）误碰其他有电部位产生电弧	（1）触电、电弧灼伤； （2）设备事故	3	1	1	3	1	（1）办理工作票，确认执行安全措施； （2）检修电源开关处悬挂“在此工作”标示牌； （3）与运行人员至检修现场共同办理工作票签发； （4）与运行人员共同确认开关或设备位置，正确验电
2	工作交底	走错间隔	（1）触电； （2）设备事故	3	1	1	3	1	加强人员培训
3	准备工器具/材料	工器具与设备不配套	设备事故	6	1	1	6	1	（1）做好修前准备； （2）加强人员培训

续表

编号	作业步骤	危害因素	可能导致的后果	风险评价					控制措施
				L	*E*	*C*	*D*	风险程度	
4	准备劳动保护用品	噪声、粉尘危害	职业危害	3	1	1	3	1	准备耳塞、手套、口罩
5	搭设脚手架	脚手架未验收合格	高处坠落	1	1	7	7	1	作业前验收脚手架
二	检修								
1	拆动力、控制电缆	因接线标记不清造成接线错误	设备事故	3	2	1	6	1	拆线前做好标记
2	拆连接螺母	(1) 操作不当; (2) 支架侧翻	(1) 设备事故; (2) 机械伤害	3	2	1	6	1	拆解前固定好暖通设备
3	暖通设备拆卸	(1) 作业人员站位不正确; (2) 无关人员误入作业区域; (3) 高处落物; (4) 高处作业失足误碰机械设备	(1) 物体打击; (2) 设备事故; (3) 高处坠落; (4) 机械伤害	1	1	3	3	1	(1) 使用个人防护设备; (2) 设置隔离区
4	暖通设备解体	人员操作不当	设备事故	3	2	1	6	1	加强人员培训
5	暖通设备检修	人员操作不当	设备事故	3	2	1	6	1	加强人员培训
6	暖通设备复位	(1) 作业人员站位不正确; (2) 无关人员误入作业区域; (3) 高处落物; (4) 高处作业失足; (5) 误碰机械设备	(1) 物体打击; (2) 设备事故; (3) 高处坠落; (4) 机械伤害	1	1	3	3	1	(1) 使用个人防护设备; (2) 设置隔离区

续表

编号	作业步骤	危害因素	可能导致的后果	风险评价					控制措施
				L	E	C	D	风险程度	
7	接动力、控制电缆	(1) 工作票未交给运行值班员； (2) 电源线裸露	触电	0.5	2	3	3	1	(1) 专人监护； (2) 工作票押回运行
8	暖通设备试运	(1) 工作票未交给运行值班员； (2) 电源线裸露； (3) 触碰机械转动部位	(1) 触电； (2) 人身伤害	1	2	1	2	1	(1) 专人监护； (2) 工作票押回运行
三	完工恢复								
1	结束工作	(1) 遗漏工器具； (2) 现场遗留检修杂物； (3) 不结束工作票	(1) 触电； (2) 人身伤害	6	3	1	18	1	(1) 收齐检查工器具； (2) 清扫检修现场； (3) 结束工作票
四	作业环境								
1	粉尘环境	(1) 石灰石粉仓产生石灰石粉； (2) 石灰石粉清理不当； (3) 呼吸系统保护不当	职业危害，导致呼吸系统疾病或眼睛伤害，如肺脏功能减低、鼻/喉发炎、皮炎	3	6	1	18	1	(1) 采取控制粉尘措施，加强日常维护； (2) 佩戴防尘口罩、呼吸器等； (3) 定期进行粉尘监测； (4) 定期体检； (5) 及时清扫地面，清理积灰
2	噪声环境	(1) 转动机械产生大量噪声； (2) 听力保护不当	职业危害，导致听力下降	3	6	1	18	1	正确佩戴耳塞

33 暖通设备（主机及外围）检修

<table>
<tr><td colspan="4">主要作业风险：
（1）触电；
（2）起重伤害；
（3）设备损坏</td><td colspan="6">控制措施：
（1）办理工作票、确认检修开关、验电、上锁挂牌；
（2）使用前检查手拉葫芦、钢丝绳吊扣等；
（3）动火须开具动火工作票、使用阻燃垫布</td></tr>
<tr><th rowspan="2">编号</th><th rowspan="2">作业步骤</th><th rowspan="2">危害因素</th><th rowspan="2">可能导致的后果</th><th colspan="5">风险评价</th><th rowspan="2">控制措施</th></tr>
<tr><th>L</th><th>E</th><th>C</th><th>D</th><th>风险程度</th></tr>
<tr><td>一</td><td colspan="3">检修前准备</td><td></td><td></td><td></td><td></td><td></td><td></td></tr>
<tr><td>1</td><td>切断电源</td><td>（1）拉错开关、走错间隔或误送电导致设备带电或误动；
（2）分闸时起弧；
（3）误碰其他有电部位产生电弧</td><td>（1）触电；
（2）电弧灼伤；
（3）设备损坏</td><td>3</td><td>6</td><td>3</td><td>54</td><td>2</td><td>（1）办理工作票，确认执行安全措施；
（2）双方共同确认检修开关、上锁、验电和挂警示牌；
（3）使用个人防护用品，如绝缘手套、绝缘鞋、面罩和防电弧服</td></tr>
<tr><td>2</td><td>检修前验电</td><td>（1）误判无电；
（2）使用错误或破损的验电设备；
（3）触及其他有电部位</td><td>（1）触电；
（2）电弧灼伤</td><td>3</td><td>3</td><td>7</td><td>42</td><td>2</td><td>（1）按带电要求操作；
（2）戴绝缘手套，穿绝缘鞋和防电弧服</td></tr>
<tr><td>3</td><td>工器具</td><td>工器具选择不当</td><td>其他伤害</td><td>1</td><td>3</td><td>15</td><td>45</td><td>2</td><td>（1）选择合适的操作工器具；
（2）检查所用工具必须完好；
（3）正确使用工器具</td></tr>
<tr><td>4</td><td>劳动防护用品</td><td>过期使用</td><td>人身伤害</td><td>3</td><td>3</td><td>15</td><td>135</td><td>3</td><td>（1）定检、更换；
（2）着装整齐，安全帽、安全带佩戴规范</td></tr>
</table>

续表

编号	作业步骤	危害因素	可能导致的后果	风险评价					控制措施
				L	*E*	*C*	*D*	风险程度	
5	布置场地	(1) 通道不平； (2) 光线不足； (3) 检修场地铺垫不充分； (4) 作业区域无安全围栏	人机工程危害	3	2	7	42	2	(1) 维护厂区道路平整； (2) 照明充足； (3) 定置作业； (4) 设置安全警示围栏及警告牌
6	安全交底	(1) 扩大作业范围； (2) 误碰运行设备； (3) 辨识危险源不详尽	(1) 人身伤害； (2) 设备故障	1	6	15	90	3	(1) 加强培训，做好危险源分析与安全防范措施交底； (2) 加大成品保护意识，提高安全作业技能； (3) 现场监护人不许担任其他工作； (4) 作业人员应被告知作业现场和工作岗位存在的危险、危害因素、防范措施及事故应急措施
二	检修过程								
1	动火	(1) 附近有易燃易爆气体或易燃物； (2) 气管老化、漏气、打结； (3) 气管与钢瓶压力表接口没对正； (4) 气体钢瓶未固定；	(1) 火灾； (2) 化学爆炸； (3) 人身伤害	1	3	15	45	2	(1) 办理动火作业票，执行安全措施，监护人到位； (2) 氧气瓶、乙炔瓶垂直放置并固定，距离不小于 8m； (3) 做好防火隔离措施，如使用阻燃垫和警示标识，准备灭火器等；

续表

编号	作业步骤	危害因素	可能导致的后果	风险评价					控制措施
				L	*E*	*C*	*D*	风险程度	
1	动火	（5）乙炔气瓶与氧气钢瓶距离太近； （6）割渣飞溅，没有使用阻燃垫； （7）没有穿戴劳保用品	（1）火灾； （2）化学爆炸； （3）人身伤害	1	3	15	45	2	（4）动火前清理动火点周围易燃易爆物品，确保5m范围内无易燃易爆物品； （5）焊机的二次回路电流不允许通过桥架，二次接地与工件直接接触； （6）氧气瓶、乙炔瓶必须带有防震圈和安全帽，在搬运时不得混装搬运； （7）动火时必须有取证消防人员监护，动火完毕检查动火现场无遗留火种后方可离开； （8）焊工在更换焊条时，必须戴电焊手套防触电； （9）电焊机在使用时外壳要可靠接地； （10）电焊机工作所用导线，必须绝缘良好，连接到电焊钳上的一端至少有5m绝缘软导线
2	架子	（1）检（维）修脚手架无搭设委托单、搭设要求、环境不明等； （2）搭设人员无资质、不戴安全帽、不系安全带和不穿防滑鞋等； （3）搭设高度4m以上无安全网；	（1）高处坠落； （2）触电	3	6	7	126	3	（1）填写搭设委托单，明确搭设要求如载重、搭设环境等； （2）在升压站、主变压器、启动变压器等处搭设脚手架时，必须办理工作票或工作联系单；

续表

编号	作业步骤	危害因素	可能导致的后果	风险评价					控制措施
				L	*E*	*C*	*D*	风险程度	
2	架子	（4）搭拆脚手架中误碰设备； （5）搭拆脚手架时工具、材料掉下砸伤人； （6）脚手架不符合要求，如立杆、大横杆和小横杆间距太大； （7）未经验收合格和挂牌后使用	（1）高处坠落； （2）触电	3	6	7	126	3	（3）检查搭设人员有无资质； （4）搭设时戴安全帽、系安全带和穿防滑鞋等； （5）按规定设置安全网； （6）在高压电或动设备附近搭设，必须进行安全隔离和保持足够的安全距离； （7）经验收合格和挂牌后使用
3	泵体移位	（1）重心未找正； （2）倒链使用不规范； （3）吊钩保险卡不回位； （4）绳扣松	起重伤害	3	6	7	126	3	（1）起重工持证上岗，作业不违章； （2）拒用不安全器具； （3）使用前检查手拉葫芦、钢丝绳吊扣等； （4）吊钩保险卡入扣； （5）吊物必须捆绑牢固，保持重心稳定； （6）设专人指挥起吊，避免吊物下站人
4	冷冻水管路查漏	（1）随意动用焊枪； （2）存在易燃物； （3）没有使用阻燃垫； （4）焊具不符安全要求； （5）滤网边缘切口划手	（1）人身伤害； （2）灼伤； （3）火灾	6	2	3	36	2	（1）非焊工不得施焊； （2）检查电焊机符合要求，正确接线和接地； （3）办理动火票，设置防火毯等； （4）动火点不许存在易燃物或油漆作业； （5）不得赤手探摸

续表

编号	作业步骤	危害因素	可能导致的后果	风险评价					控制措施
				L	*E*	*C*	*D*	风险程度	
5	保温层拆卸	(1) 保温铝皮划手； (2) 吸入硅纤维材料； (3) 裸露手臂导致皮肤刺痒	(1) 人身伤害； (2) 职业危害	6	6	3	108	3	(1) 穿戴合适的工作服、口罩、防护眼镜等； (2) 扎紧领口、袖口； (3) 现场加大通风
6	末端设备检查	(1) 拆装时，固定不牢滑落伤人； (2) 疏水不彻底，有余压	(1) 人身伤害； (2) 设备故障	3	2	7	42	2	(1) 拆装末端设备应安放牢固； (2) 排尽剩水，泄压至零； (3) 杜绝蛮干或违章作业； (4) 配备小件工具，使用工具袋
7	临时用电	(1) 电源、电压等级和接线方式不符要求； (2) 负荷过载	(1) 触电； (2) 火灾	3	6	7	126	3	(1) 检查电源； (2) 验电； (3) 电线不跨越或架设在带电设备和热源体上； (4) 不得过载使用
8	使用电动工具	(1) 不会正确使用； (2) 电动工具不符合安全要求； (3) 电源无触电保护； (4) 砂轮片断裂飞出； (5) 不戴平光防护眼镜	(1) 触电； (2) 机械伤害； (3) 其他人身伤害	3	2	15	90	3	(1) 正确使用安全工器具； (2) 使用前检查电源线、接地和其他部件良好，并经检验合格在有效期内； (3) 电源盘等必须使用漏电保护器； (4) 确保易耗品的质量； (5) 佩戴防护眼镜或面罩等； (6) 会心肺复苏法操作

续表

编号	作业步骤	危害因素	可能导致的后果	风险评价					控制措施
				L	*E*	*C*	*D*	风险程度	
9	使用手动工具	（1）手动工具松脱、破损等； （2）使用不合适工具	（1）人身伤害； （2）设备损坏	6	3	7	126	3	（1）检查各类工具符合安全要求； （2）检查锤头与锤柄连接牢固； （3）使用工具包
10	更换分体空调	（1）手工搬运方法或搬运姿势不当； （2）用力不当或蛮干； （3）物件过重，未使用工机具； （4）员工缺乏安全作业技能	（1）人机工程伤害； （2）设备损坏	6	6	3	108	3	（1）进行手工搬运培训； （2）采用正确姿势搬运； （3）提供合适搬运工机具； （4）系好安全带； （5）落实防坠落措施
11	吊顶式空调查修	（1）从梯子上滑落； （2）在脚手架上或平台上作业； （3）上下同时作业； （4）临边缺乏合适围栏； （5）防坠落保护使用不当； （6）不使用或不正确使用安全带	（1）高处坠落； （2）其他伤害	3	3	7	63	2	（1）短时间能完成的工作，可使用梯子，但须坚固完整，梯与地面夹角60°； （2）设置隔离围栏和安全标识； （3）在没有安全带系挂场所应设置水平或垂直安全绳； （4）避免上下作业； （5）脚手架验收合格并挂牌； （6）对于正在转动中的机器，不准装卸和校正皮带，或直接用手往皮带上撒松香等物

续表

编号	作业步骤	危害因素	可能导致的后果	风险评价					控制措施
				L	*E*	*C*	*D*	风险程度	
12	冷冻水系统隔离	（1）进出口阀关闭不严； （2）泵体内存压； （3）泵站基坑下水道不通溢水，导致下方电气设备进水； （4）未检查和测定系统压力就工作； （5）压力水外喷； （6）排水管道局部堵塞； （7）关错阀门	（1）触电； （2）其他伤害	3	2	15	90	3	（1）下水口滤网无损坏，出口管畅通； （2）检修管节放水泄压； （3）确认进出口阀严密性良好； （4）核对操作无误； （5）法兰松开螺栓时应由远到近，避免面对管内可能水喷出的位置； （6）对丝扣连接，打开时先松开1～2丝，确认无残余压力和残液泄漏后，再小心分离
三	完工恢复								
1	送电试转	（1）走错间隔； （2）误操作； （3）工作票不回押； （4）阀门不通，系统不正常	设备事故	6	3	7	126	3	（1）办理工作票回押手续，开出试运单； （2）按送电规程操作； （3）确认安全措施撤除、系统恢复
2	结束工作	（1）遗漏工器具； （2）现场遗留检修杂物； （3）不拆除临时用电； （4）不结束工作票	（1）触电； （2）人身伤害	3	3	7	63	2	（1）收齐检查工器具； （2）清扫检修现场； （3）拆除临时用电； （4）结束工作票

续表

编号	作业步骤	危害因素	可能导致的后果	风险评价					控制措施
				L	*E*	*C*	*D*	风险程度	
四	作业环境								
1	暴露在高噪声环境下作业	（1）发电厂运行风机、压缩机、高压蒸汽引起噪声； （2）员工没有佩戴护耳器	职业危害	3	6	3	54	2	（1）采取控制噪声措施，加强日常维护； （2）在特高噪声区使用耳罩； （3）定期进行噪声监测； （4）对员工进行听力基础及比较测试
2	在粉尘环境中作业	（1）锅炉产生粉尘； （2）炉底飞灰泄漏； （3）灰尘清理不当； （4）呼吸系统保护不当	职业危害	3	2	7	42	2	（1）采取控制粉尘措施，加强日常维护； （2）佩戴防尘口罩、呼吸器等； （3）定期进行粉尘监测； （4）定期体检； （5）清扫地面，清理积灰
3	接触高温高压蒸汽	（1）正常运行时管路裂开； （2）检修时割破管道； （3）密封件吹损	（1）灼烫； （3）职业危害	3	3	7	63	2	（1）穿戴个人防护用品，如长袖衣服、长裤子、隔热服和防护眼镜等； （2）工作时采取隔热措施； （3）检验/压力容器检验

34 暖通设备（主机及外围）启停

<table>
<tr><td colspan="4">主要作业风险：
（1）误操作；
（2）触电</td><td colspan="6">控制措施：
（1）正确填写和核对操作票；
（2）操作时戴绝缘手套、穿绝缘鞋；
（3）严格执行操作监护制度</td></tr>
<tr><td rowspan="2">编号</td><td rowspan="2">作业步骤</td><td rowspan="2">危害因素</td><td rowspan="2">可能导致的后果</td><td colspan="5">风险评价</td><td rowspan="2">控制措施</td></tr>
<tr><td>L</td><td>E</td><td>C</td><td>D</td><td>风险程度</td></tr>
<tr><td>一</td><td colspan="3">操作前准备</td><td></td><td></td><td></td><td></td><td></td><td></td></tr>
<tr><td>1</td><td>接收指令</td><td>工作对象不清楚</td><td rowspan="4">（1）触电；
（2）电弧灼伤；
（3）火灾；
（4）设备异常</td><td>1</td><td>6</td><td>3</td><td>18</td><td>1</td><td>确认目的，防止弄错对象</td></tr>
<tr><td>2</td><td>确定操作对象和核对设备运行方式</td><td>误操作其他设备</td><td>3</td><td>3</td><td>15</td><td>135</td><td>3</td><td>（1）正确核对现场设备名称及标牌或系统图；
（2）按规定执行操作监护</td></tr>
<tr><td>3</td><td>填写操作票</td><td>填错操作票引起误操作</td><td>3</td><td>3</td><td>7</td><td>63</td><td>2</td><td>（1）正确填写和检查操作票填写内容正确；
（2）严格执行操作监护制度</td></tr>
<tr><td>4</td><td>选择工器具</td><td>工器具选择不当</td><td>1</td><td>3</td><td>15</td><td>45</td><td>2</td><td>（1）选择合适的操作工器具；
（2）检查所用的工具必须完好；
（3）正确使用工器具</td></tr>
<tr><td>5</td><td>劳护用品</td><td>穿戴不合适的劳护用品</td><td>其他伤害</td><td>1</td><td>3</td><td>7</td><td>21</td><td>2</td><td>（1）戴安全帽、穿绝缘鞋、耳塞和防尘口罩；
（2）穿长袖工作服，扣好衣服和袖口；
（3）戴绝缘手套、面罩</td></tr>
</table>

续表

编号	作业步骤	危害因素	可能导致的后果	风险评价					控制措施
				L	*E*	*C*	*D*	风险程度	
6	通信联系	通信不畅或错误引起误操作、人员受到伤害时延误施救时间	其他伤害	3	3	15	135	3	携带可靠通信工具，操作时并保持联系
7	安全交底	（1）扩大作业范围； （2）误碰运行设备； （3）辨识危险源不详尽	（1）人身伤害； （2）设备故障	1	6	15	90	3	（1）加强培训，做好危险源分析与安全防范措施交底； （2）加大成品保护意识，提高安全作业技能； （3）现场监护人不许担任其他工作； （4）作业人员应被告知作业现场和工作岗位存在的危险、危害因素，防范措施及事故应急措施
二	操作								
1	制冷站主机	（1）误拉或合开关； （2）误触带电体； （3）开关本身有缺陷； （4）启闭水阀使用工具时扭伤、碰伤； （5）压力水泄漏喷人； （6）误碰开关柜带电部位，触电； （7）远方启动对象不明确，误操作其他设备；	（1）触电； （2）电弧灼伤； （3）设备故障； （4）其他伤害	3	3	15	135	3	（1）与带电体保持安全距离； （2）戴好劳保用品，如手套、安全帽等； （3）与开关保持一定距离； （4）考虑好继电器爆炸时的撤离线路； （5）禁止在就地进行开关闸刀操作； （6）确认目的，防止弄错对象； （7）正确核对现场设备名称及标牌； （8）执行“两票三制”； （9）及时更换损坏件； （10）做好日常维护工作

续表

编号	作业步骤	危害因素	可能导致的后果	风险评价					控制措施
				L	*E*	*C*	*D*	风险程度	
1	制冷站主机	(8) 机组高压端高温烫伤; (9) 运行高压管路爆裂; (10) 制冷系统泄露,冷媒不足; (11) 冷凝器脏堵,高压故障; (12) 转动构件磨损有异声	(1) 触电; (2) 电弧灼伤; (3) 设备故障; (4) 其他伤害	3	3	15	135	3	(1) 与带电体保持安全距离; (2) 戴好劳保用品,如手套、安全帽等; (3) 与开关保持一定距离; (4) 考虑好继电器爆炸时的撤离线路; (5) 禁止在就地进行开关闸刀操作; (6) 确认目的,防止弄错对象; (7) 正确核对现场设备名称及标牌; (8) 执行"两票三制"; (9) 及时更换损坏件; (10) 做好日常维护工作
2	水泵站	(1) 水位过低会造成水泵空转烧毁电动机; (2) 水系统中存在空气; (3) 玻璃水位计打碎,箱水外流; (4) 进水浮球阀卡涩; (5) 补水管低压缺水; (6) 冷冻水严重不足; (7) 启闭水阀使用工具时扭伤;	(1) 其他伤害; (2) 设备事故; (3) 触电; (4) 电弧灼伤; (5) 人机工程危害	6	3	7	126	3	(1) 进行现场培训; (2) 采用正确姿势; (3) 提供适当操作工具; (4) 侧位拉合开关; (5) 考虑好柜内继电器爆炸时的撤离线路; (6) 戴好劳保用品; (7) 严密监视水位,保证工质充足; (8) 排除流体夹带的空气;

续表

编号	作业步骤	危害因素	可能导致的后果	风险评价					控制措施
				L	*E*	*C*	*D*	风险程度	
2	水泵站	(8)误拉或误合变频器开关； (9)误触带电体； (10)变频柜按钮本身有缺陷； (11)出入平台绊倒； (12)误启设备； (13)抄录压力值时，造成扭伤、碰伤	(1)其他伤害； (2)设备事故； (3)触电； (4)电弧灼伤； (5)人机工程危害	6	3	7	126	3	(9)玻璃水位计的保护外壳应完整、牢固； (10)修复浮球阀，维持自动进水装置良好； (11)生活来水需在额定压力内； (12)定时巡检不脱班； (13)严格执行操作票制度； (14)做好设备的维保； (15)行走注意观察
3	空气组合式机组	(1)送风机、回风机狭窄空间检查时碰伤； (2)传动带检查受伤； (3)风道滤网气体倒流，吸入粉尘； (4)误拉或合开关； (5)误触带电体； (6)开关本身有缺陷； (7)启动对象不明确，误操作其他设备； (8)风阀执行器故障； (9)开关柜门时夹手或猛烈关门	(1)触电； (2)电弧灼伤； (3)设备故障； (4)人身伤害	1	3	15	45	2	(1)与通电设备保持安全距离； (2)确认目的，防止弄错对象； (3)正确核对现场设备名称及标牌； (4)戴好劳保用品； (5)上下梯子时抓牢、蹬稳，不得两人同蹬一梯； (6)检查时动作轻缓； (7)对于正在转动中的机器，不准装卸和校正皮带，或直接用手往皮带上撒松香； (8)及时入缺，更换备品

续表

<table>
<tr><th rowspan="2">编号</th><th rowspan="2">作业步骤</th><th rowspan="2">危害因素</th><th rowspan="2">可能导致的后果</th><th colspan="5">风险评价</th><th rowspan="2">控制措施</th></tr>
<tr><th>L</th><th>E</th><th>C</th><th>D</th><th>风险程度</th></tr>
<tr><td>4</td><td>末端设备</td><td>（1）梯子倾倒；
（2）传动皮带夹手；
（3）疏通积水盘时淋湿身体；
（4）排水导致其他运行设备意外进水；
（5）水冲洗时高水压使翅片变形；
（6）误拉或合开关；
（7）误碰带电体；
（8）开关失灵；
（9）启动按钮时出现短路</td><td>（1）高处坠落；
（2）人身伤害；
（3）触电；
（4）灼伤；
（5）设备损坏</td><td>3</td><td>3</td><td>7</td><td>63</td><td>2</td><td>（1）上下梯子时抓牢、蹬稳；
（2）戴安全帽、穿绝缘鞋、戴耳塞和防尘口罩；
（3）在运行设备上覆盖防水薄膜；
（4）水压不稳定时采用泼水冲洗，不得直接冲洗；
（5）与带电设备保持安全距离；
（6）侧位操作开关；
（7）考虑好紧急撤离线路；
（8）禁止在带负荷进行闸刀操作；
（9）认真执行“两票三制”；
（10）启动前绝缘电阻表检查</td></tr>
<tr><td>5</td><td>分体式空调</td><td>（1）系统压力检查时，使用不合适工具碰伤；
（2）外机散热片烫手；
（3）冷凝排水溅湿P板；
（4）回风口滤网堵塞；
（5）积尘吹入眼睛；
（6）支架紧固件松脱</td><td>（1）人身伤害；
（2）触电；
（3）设备故障</td><td>6</td><td>2</td><td>3</td><td>36</td><td>2</td><td>（1）选择合适的操作工器具，并正确使用；
（2）规范着装；
（3）使用点温枪测温；
（4）排水管口定向固定，外机箱体完整；
（5）戴好防尘眼镜、口罩；
（6）维护好支架牢固和防锈</td></tr>
</table>

续表

编号	作业步骤	危害因素	可能导致的后果	风险评价					控制措施
				L	*E*	*C*	*D*	风险程度	
三	作业环境								
1	高噪声环境下	（1）发电厂运行风机、压缩机、高压蒸汽引起噪声； （2）员工没有佩戴合适听力防护用品； （3）听力防护用品使用不当	致聋	3	6	3	54	2	（1）采取控制噪声措施，加强日常维护； （2）佩戴耳塞，在特高噪声区使用耳罩； （3）定期进行噪声监测； （4）对员工进行听力基础及比较测试
2	在粉尘环境中作业	（1）锅炉灰管道产生粉尘； （2）输煤带煤尘飞扬； （3）灰尘清理不当； （4）呼吸系统保护不当	尘肺	3	6	1	18	1	（1）采取控制粉尘措施，加强日常维护； （2）佩戴防尘口罩、呼吸器等； （3）定期进行粉尘监测； （4）定期体检； （5）及时清扫地面，清理积灰

35 暖通设备（主机及外围）巡检

主要作业风险：
（1）通信不畅；
（2）人员伤害；
（3）高处坠落

控制措施：
（1）携带良好的通信工具；
（2）熟悉巡检路线及危险源；
（3）整齐穿戴劳动保护用品；
（4）现场培训

编号	作业步骤	危害因素	可能导致的后果	风险评价					控制措施
				L	*E*	*C*	*D*	风险程度	
一	巡检前准备								
1	巡检工具	（1）拿错或使用错误工具； （2）照明不足造成绊倒、摔伤等； （3）拿错钥匙而匆忙往返引起绊倒、摔伤等； （4）充电不足或信号不好影响及时通信	（1）人身伤害； （2）设备故障	3	10	1	30	2	（1）使用合适工具； （2）加强沟通； （3）交代安全注意事项； （4）正确佩戴安全帽、防尘口罩、耳塞、手套、工作鞋等； （5）规范着装（穿长袖工作服，袖子伸长、衣服扣好）； （6）携带状况良好的通信工具； （7）携带手电筒，电源要充足，亮度要足够； （8）仔细核对钥匙
2	向主值汇报去向	（1）不熟悉巡检路线或去向不明； （2）准备不充分	人机工程危害	3	10	3	90	3	
3	个人防护用品	使用不充分或不合适防护用品造成伤害	（1）灼烫； （2）其他伤害	3	6	3	54	2	

续表

编号	作业步骤	危害因素	可能导致的后果	风险评价					控制措施
				L	E	C	D	风险程度	
4	安全交底	(1) 无法辨识路径危险源； (2) 误碰运行设备	(1) 触电； (2) 设备故障	1	6	15	90	3	(1) 加强培训，做好危险源分析； (2) 加强成品保护意识； (3) 与带电体保持安全距离； (4) 作业人员应被告知作业现场和工作岗位存在的危险、危害因素、防范措施及事故应急措施
二	巡检内容								
1	17.0m 主控室出风	(1) 出风口凝水滴落控制电脑； (2) 湿度小； (3) 夜间温度过低； (4) 风向朝值班员脸部吹； (5) 新风携带不洁气体	(1) 作业环境危害； (2) 设备损坏	3	2	15	90	3	(1) 控制出风温度高于露点，及时清除水珠； (2) 监视、调整温湿度及舒适度； (3) 出口风向改正； (4) 定期清理中效滤网； (5) 新风取口及风道保持洁净
2	25.5m 冷冻水泵站	(1) 运行泵进出口压力值超限； (2) 水泵抖动； (3) 泵体发热； (4) 膨胀水箱失水； (5) 排水槽地漏堵塞	(1) 跳机； (2) 水淹	6	2	7	84	3	(1) 全开进出口阀； (2) 排放水路空气； (3) 及时补水至高水位； (4) 紧固泵地脚螺丝； (5) 核实工作电流在规定值； (6) 清除地漏口及排污管杂物

续表

编号	作业步骤	危害因素	可能导致的后果	风险评价					控制措施
				L	*E*	*C*	*D*	风险程度	
3	8.5m 空气处理机组	(1) 检查风阀时开关柜门夹手； (2) 检查平台引起绊跌； (3) 受限空间内通风不良，缺氧； (4) 意外启动设备； (5) 检查时误关闭检修门	(1) 人身伤害； (2) 职业危害	3	6	7	126	3	(1) 进入该区域前观察是否有泄漏； (2) 行走时看清行走路线； (3) 上下爬梯时抓牢、蹬稳，不得两人同登一梯； (4) 关闭检查柜门时避免机械挤压； (5) 不得正对或靠近泄漏点； (6) 外面一人监护； (7) 工作前准备好撤退路线； (8) 发现故障及时联系； (9) 通风； (10) 修复执行器，校正开度； (11) 清除冷凝水； (12) 支吊架必须维持牢固； (13) 保持保温层完好
4	主厂房冷冻水	(1) 水阀检查垂直爬梯引起绊跌、踩空、坠落等； (2) 执行器卡涩，启闭不到位； (3) 冷凝水挂滴； (4) 法兰连接密封破坏； (5) 支吊架失效； (6) 保温层破损	(1) 高处坠落； (2) 其他伤害	1	6	3	18	2	
5	CAS 楼末端设备	(1) 离心风机叶轮夹手； (2) 风机转动造成人身伤害； (3) 意外接触运转部件； (4) 转动机械未设保护网罩或其他保护； (5) 电动机外壳接地不良	(1) 人身伤害； (2) 机械伤害； (3) 设备损坏	6	6	3	108	3	(1) 对于正在转动中的机器，不准装卸和校正皮带，或直接用手往皮带上撒松香等物； (2) 设置安全警示标识； (3) 关闭检查柜门时避免机械挤压； (4) 行走时看清平台结构、路线； (5) 检查电机接地情况，否则禁止触摸

续表

编号	作业步骤	危害因素	可能导致的后果	风险评价					控制措施
				L	E	C	D	风险程度	
6	化水楼风机盘管	（1）上下楼梯引起绊跌、踩空等； （2）风机转动造成人身伤害	（1）人身伤害； （2）机械伤害； （3）设备损坏	3	6	3	54	2	（1）对于正在转动中的机器，不准装卸和校正皮带，或直接用手往皮带上撒松香等物； （2）设置安全警示标识； （3）关闭检查柜门时避免机械挤压； （4）行走时看清平台结构、路线； （5）检查电机接地情况，否则禁止触摸
三	巡检路线								
1	机炉楼梯	上下楼梯造成滑跌、坠落	（1）人身伤害； （2）高处坠落	1	6	7	42	2	上下爬梯时抓牢、蹬稳、扶牢
2	外围通道	（1）低矮管道绊脚； （2）检修脚手架碰头； （3）高温高压管道辐射； （4）地沟盖板缺失	（1）其他伤害； （2）灼伤	6	6	3	108	3	（1）看清行走路况； （2）穿戴整齐劳保用品； （3）维护厂区道路平整及盖板完整； （4）设置警告牌、戴安全帽
3	主厂房高噪声环境	（1）发电厂生产噪声； （2）员工未佩戴护耳器	职业危害，如听力下降、致聋	6	6	3	108	3	（1）完善降噪措施； （2）佩戴护耳器； （3）定期进行噪声监测； （4）对员工进行听力基础及比较测试
4	接触高温高压蒸汽	（1）正常运行时管道/法兰裂开； （2）密封件故障	灼烫	1	6	7	42	2	（1）工作时采取隔热措施； （2）穿戴个人防护用品如长袖衣服、长裤子、隔热服和防护眼镜等

36 起重机械维护

<table>
<tr><td colspan="3">主要作业风险：
（1）触电；
（2）火灾；
（3）机械伤害；
（4）高处坠落</td><td colspan="7">控制措施：
（1）办理工作票；
（2）做好防转件转动措施；
（3）使用阻燃垫、专人监护；
（4）正确使用安全带</td></tr>
<tr><td rowspan="2">编号</td><td rowspan="2">作业步骤</td><td rowspan="2">危害因素</td><td rowspan="2">可能导致的后果</td><td colspan="5">风险评价</td><td rowspan="2">控制措施</td></tr>
<tr><td>L</td><td>E</td><td>C</td><td>D</td><td>风险程度</td></tr>
<tr><td>一</td><td colspan="3">维护前准备</td><td></td><td></td><td></td><td></td><td></td><td></td></tr>
<tr><td>1</td><td>切断电源</td><td>（1）拉错开关、走错间隔或误送电，导致设备带电或误动；
（2）分闸时引起着火；
（3）误碰其他有电部位产生电弧</td><td>（1）触电；
（2）火灾；
（3）设备事故；
（4）电弧灼伤</td><td>1</td><td>6</td><td>15</td><td>90</td><td>3</td><td>（1）办理工作票，确认执行安全措施；
（2）双人共同确认检修开关、上锁、验电和挂警示牌；
（3）使用个人防护用品，如绝缘手套、绝缘鞋、面罩和防电弧服</td></tr>
<tr><td>2</td><td>检修前验电</td><td>（1）误判无电；
（2）使用错误或破损的验电设备；
（3）触及其他有电部位</td><td>（1）触电；
（2）电弧灼伤</td><td>1</td><td>6</td><td>15</td><td>90</td><td>3</td><td>（1）确认验电开关或设备位置；
（2）戴绝缘手套，穿绝缘鞋和防电弧服；
（3）按带电要求操作</td></tr>
<tr><td>3</td><td>焊接</td><td>（1）焊接时皮带线发热；
（2）焊接飞溅；
（3）面罩破损漏光；</td><td>（1）触电；
（2）火灾；
（3）灼伤；
（4）职业危害</td><td>3</td><td>2</td><td>15</td><td>90</td><td>3</td><td>（1）办理动火作业票，执行安全措施，监护人到位；
（2）认真做好防火隔离措施，如使用阻燃垫和警示标识，准备灭火器等；</td></tr>
</table>

续表

编号	作业步骤	危害因素	可能导致的后果	风险评价					控制措施
				L	*E*	*C*	*D*	风险程度	
3	焊接	（4）精神不集中； （5）过量吸入焊接烟雾； （6）无防火垫； （7）附近存在易燃物； （8）残余火种复燃	（1）触电； （2）火灾； （3）灼伤； （4）职业危害	3	2	15	90	3	（3）穿戴合适的工作服、防护鞋、防护眼镜、面罩和安全带等； （4）动火前清理动火点周围易燃易爆物品，确保5m范围内无易燃易爆物品； （5）焊机的二次回路电流不允许通过桥架，二次接地与工件直接接触； （6）氧气瓶、乙炔瓶必须带有防震圈和安全帽，在搬运时不得混装搬运； （7）电焊机在使用时外壳要可靠接地； （8）电焊机工作所用导线，必须绝缘良好，连接到电焊钳上的一端至少有5m绝缘软导线； （9）动火时必须有取证消防人员监护，动火完毕2h确认动火现场无遗留火种后方可离开
4	选择合适的工器具	工器具选择不当	其他伤害	1	3	15	45	2	（1）选择合适的操作工器具； （2）检查所用工具必须完好； （3）正确掌握工器具的使用

续表

编号	作业步骤	危害因素	可能导致的后果	风险评价					控制措施
				L	*E*	*C*	*D*	风险程度	
5	搭设脚手架	(1) 检(维)修脚手架无搭设委托单、搭设要求如载重，搭设环境不明，在高压电附近搭设等； (2) 搭设人员无资质、不戴安全帽、不系安全带和不穿防滑鞋等； (3) 搭设高度4m以上无安全网； (4) 搭拆脚手架中误碰设备； (5) 搭拆脚手架时工具、材料掉下砸伤人； (6) 脚手架不符合要求，如立杆、大横杆和小横杆间距太大，不符合要求	(1) 高处坠落； (2) 触电	6	2	7	84	3	(1) 填写搭设委托单，明确搭设要求如载重、搭设环境等； (2) 搭设脚手架时必须办理工作票或工作联系单； (3) 检查搭设人员资质； (4) 搭设时戴安全帽、系安全带和穿防滑鞋等； (5) 搭设高度4m以上设置安全网； (6) 在高压电气或动力设备附近搭设，必须进行安全隔离和保持安全距离； (7) 经验收合格和挂牌后使用
6	穿戴劳动防护用品	(1) 过期使用； (2) 破损	人身伤害	3	3	15	135	3	(1) 定检、更换； (2) 着装整齐，安全帽、安全带佩戴规范； (3) 认真做好安全交底
二	维保								
1	控制柜检查	(1) 清扫时造成线路松动引起误动作； (2) 检查时致变频器损坏	设备损坏	3	2	15	90	3	(1) 端子板紧固； (2) 清理时使用皮老虎

续表

编号	作业步骤	危害因素	可能导致的后果	风险评价					控制措施
				L	*E*	*C*	*D*	风险程度	
2	制动器检查	(1) 未切断电源，电动机突然起动； (2) 油迹未擦干引起摔倒； (3) 制动器调整检查时电动机突然转动	(1) 机械伤害； (2) 其他伤害	1	3	15	45	2	(1) 检查前确认已断电； (2) 擦净油迹； (3) 调整前，必须做好防转动措施
3	卷扬装置及钢丝绳检查	(1) 未切断电源，滚筒突然转动； (2) 钢丝绳有毛刺未处理	人机工程危害	3	3	15	135	3	(1) 检查前确认已断电； (2) 手动合上棘爪制动装置； (3) 去除毛刺； (4) 对于正在转动中的机器，不准进行装卸和校正
4	滑轮组检查	(1) 杂物掉入未清理，使钢丝绳出槽； (2) 钢丝绳夹手	(1) 设备损坏； (2) 人身伤害	6	3	7	126	3	(1) 清除与工作无关的物件，确认槽内无杂物； (2) 不许将手伸入行走中的滑轮； (3) 检查时做好防转动措施
5	减速箱检查	(1) 油放尽后忘记加注； (2) 有异物进入未清理； (3) 漏油	设备损坏	3	6	3	54	2	(1) 加油前清理； (2) 结束前检查油位； (3) 盘车润滑转件
6	清洗	(1) 接触有毒清洗剂； (2) 遇有明火； (3) 未带防护手套	(1) 中毒； (2) 火灾； (3) 人身伤害	1	3	7	21	2	(1) 加强通风； (2) 附近不得有动火作业，做好防火隔离措施； (3) 佩戴防护手套

编号	作业步骤	危害因素	可能导致的后果	风险评价					控制措施
				L	*E*	*C*	*D*	风险程度	
7	使用手动工具	（1）手动工具如敲击工具锤头松脱、破损等； （2）使用不合适工具，小工具准备不全或遗漏等	（1）人身伤害； （2）设备损坏	3	2	15	90	3	（1）检查各类工具符合安全要求； （2）检查锤头与锤柄连接牢固； （3）使用工具包
8	集电装置检查	（1）检查前未验电； （2）触点未复位，导致缺相	（1）设备损坏； （2）人身伤害	3	2	7	42	2	（1）工作前验电； （2）工作完成后再检查确认
9	装复	（1）零部件伤人； （2）转子滑脱； （3）端盖滑脱伤脚	（1）人身伤害； （2）设备故障	1	3	7	21	2	（1）穿防护鞋； （2）戴防护手套； （3）事先擦净双手及零件油污
三	完工恢复								
1	各部位试转	（1）工作票未交给运行值班员； （2）电源线外露； （3）电源线盒盖未扣严密； （4）触碰电动机及机械转动部位	（1）触电； （2）人身伤害	3	3	7	63	2	（1）穿绝缘鞋和防电弧服； （2）专人监护
2	结束工作	（1）遗漏工器具； （2）现场遗留检修杂物； （3）不拆除临时用电； （4）不结束工作票	（1）触电； （2）人身伤害	1	3	15	45	2	（1）收齐检查工器具； （2）清扫检修现场； （3）拆除临时用电； （4）结束工作票

续表

编号	作业步骤	危害因素	可能导致的后果	风险评价					控制措施
				L	*E*	*C*	*D*	风险程度	
四	作业环境								
1	暴露在高噪声环境下作业	（1）发电厂运行风机、压缩机、高压蒸汽引起噪声或缺乏维护； （2）员工没有佩戴合适听力防护用品，如耳塞、耳罩等； （3）听力防护用品使用不当	职业危害，如听力下降、致聋	1	6	7	42	2	（1）采取控制噪声措施，加强日常维护； （2）佩戴耳塞，在特高噪声区使用耳罩； （3）定期进行噪声监测； （4）对员工进行听力基础及比较测试

37 起重机械巡检

主要作业风险：

（1）设备故障；
（2）触电；
（3）高处坠落

控制措施：

（1）做好定期维保和特种设备的定检；
（2）与带电体保持安全距离；
（3）维护临边栏杆完整、牢固，休息时不得倚靠或骑坐栏杆

编号	作业步骤	危害因素	可能导致的后果	风险评价					控制措施
				L	*E*	*C*	*D*	风险程度	
一	巡检前准备								
1	工具	（1）错用工具； （2）光线不足造成绊倒； （3）重复往返； （4）不能通信	人机工程危害	10	10	1	100	3	（1）使用合适工具； （2）加强沟通； （3）仔细核对钥匙编号； （4）正确佩戴劳保用品； （5）规范着装； （6）携带状况良好的通信工具； （7）手电筒的电源充足，亮度足够
2	现场	（1）不熟悉巡检路线或去向不明； （2）准备不充分		3	10	3	90	3	
3	个人防护用品	使用不充分或不合适防护用品造成烫伤、化学伤害、滑跌绊跌、碰撞、落物伤害等	（1）灼烫； （2）其他伤害	3	10	3	90	3	
4	安全交底	（1）无法辨识路径危险源； （2）误碰运行设备	（1）触电； （2）设备故障	1	6	15	90	3	（1）加强培训，做好危险源分析； （2）加强成品保护意识； （3）与带电体保持安全距离； （4）会紧急救护法；

续表

编号	作业步骤	危害因素	可能导致的后果	风险评价					控制措施
				L	*E*	*C*	*D*	风险程度	
4	安全交底	(1) 无法辨识路径危险源； (2) 误碰运行设备	(1) 触电； (2) 设备故障	1	6	15	90	3	(5) 作业人员应被告知作业现场和工作岗位存在的危险、危害因素、防范措施及事故应急措施
二	巡检内容								
1	灰库电动葫芦	(1) 库顶修理掉落物件砸伤地面行人； (2) 吊钩停放过低磕碰人头； (3) 操作手柄脱落在地； (4) 减速箱漏油； (5) 电源箱门缺失； (6) 灰库设备冒灰； (7) 卸料层吊物孔用后不关闭； (8) 露天楼梯，上下滑倒	(1) 高处落物； (2) 设备损坏； (3) 职业危害	3	6	3	54	2	(1) 物件及工具均做好防坠落措施； (2) 吊钩升至规定位置停放； (3) 操作手柄放入就地专用盒内，上锁； (4) 消漏并清理油迹； (5) 配上箱门固定； (6) 加大通风，佩戴防护口罩； (7) 吊物孔必须及时关闭； (8) 行走时注意观察，手扶栏杆
2	泵房单梁电吊	(1) 吊车停放通道口妨碍行走； (2) 手电门盒离墙脱落； (3) 轨道上有杂物、生锈； (4) 电源箱门敞开； (5) 变速箱、轴承箱漏油； (6) 工完后夹轨器未夹；	(1) 人身伤害； (2) 设备损坏	6	6	3	108	3	(1) 电吊停放规定位置； (2) 重新固定手电门盒； (3) 清除轨道上杂物，定期防腐； (4) 关闭箱门，防雨水渗入； (5) 清理油迹，更换油封； (6) 前后夹轨器用后需夹紧； (7) 上下爬梯时抓牢、蹬稳；

续表

编号	作业步骤	危害因素	可能导致的后果	风险评价					控制措施
				L	*E*	*C*	*D*	风险程度	
2	泵房单梁电吊	(7) 上下垂直爬梯引起绊跌、踩空、坠落等; (8) 雨水井盖板破损,出现孔洞; (9) 地面管道、管架低矮绊脚	(1) 人身伤害; (2) 设备损坏	6	6	3	108	3	(8) 行走时注意观察,维护好厂区井盖完整,孔洞处设置安全围栏及警示标牌
3	锅炉电梯	(1) 门外按钮进水失灵; (2) 入口隔栅不平,引起绊倒; (3) 外呼面板脱落; (4) 电梯不平层; (5) 轿厢电话机坏; (6) 轿厢地板油迹、垃圾; (7) 轿厢灯灭; (8) 炉顶机房空调不制冷,室温过高,灭火器过期; (9) 电动机外壳接地不良; (10) 转动设备无防护罩; (11) 控制柜体接地不良,漏电; (12) 曳引机漏油; (13) "安全检验合格证"过期; (14) 超载	(1) 人身伤害; (2) 火灾; (3) 设备故障; (4) 坠落; (5) 触电	3	2	40	240	4	(1) 保持外罩板完整,做好防水措施; (2) 维护走道隔栅平整、牢固; (3) 清理油迹,更换油封,保持轿箱整洁; (4) 照明充足; (5) 修复空调,控制室温; (6) 确认电梯平层后,方可出入; (7) 轿箱呼救话机须完好; (8) 定期检查火警装置及灭火器; (9) 设置禁烟禁火标志; (10) 检查接地情况,否则禁止触摸; (11) 防护罩应完整、牢固; (12) 做好定期维保和特种设备的定检、挂牌; (13) 加强电梯使用管理,严禁超载运行

续表

编号	作业步骤	危害因素	可能导致的后果	风险评价					控制措施
				L	*E*	*C*	*D*	风险程度	
4	汽机房行车	（1）吊钩机车不在规定点停放； （2）工完后行车随意停放； （3）变速箱、轴承漏油； （4）司机室门未锁； （5）主电源不断开； （6）电动机外壳接地不良； （7）转件防护罩缺失； （8）控制柜体接地不良，漏电； （9）行车保护开关短接； （10）行走司机楼梯及检修平台造成绊跌、踩空	（1）触电； （2）物体打击； （3）机械伤害； （4）设备故障； （5）高处坠落	3	10	3	90	3	（1）吊钩机车和行车停在指定位置； （2）司机室及时上锁； （3）清理油迹，更换油封； （4）停用应断电，拔出开关钥匙； （5）检查接地应良好，否则禁止触摸； （6）对于正在转动中的机器，不准装卸和校正皮带，或直接用手往皮带上撒松香等物； （7）行走时注意观察，手扶栏杆； （8）进入行车检修台须系安全带
5	电除尘器顶部电动葫芦	（1）行走楼梯及检查平台造成绊跌、踩空； （2）葫芦未停放雨棚下； （3）吊钩未锚定； （4）随行电源线脱落； （5）手电门不在盒内； （6）减速箱漏油； （7）钢丝绳暴晒缺油； （8）变压器绝缘击穿； （9）顶部临边栏杆破损	（1）物体打击； （2）触电； （3）设备损坏； （4）坠落	3	3	7	63	2	（1）上下楼梯注意观察，手扶栏杆； （2）按规定停放指定位置； （3）修复随行电线挂钩； （4）手电门用后放入就地盒内； （5）做好钢丝绳等定期维保； （6）清理油迹，更换油封； （7）更换损坏件，不触摸通电设备； （8）维护栏杆完整、牢固，休息时不得倚靠或骑坐栏杆

续表

编号	作业步骤	危害因素	可能导致的后果	风险评价					控制措施
				L	*E*	*C*	*D*	风险程度	
三	巡检路线								
1	外围楼梯	上下楼梯造成滑跌、坠落	（1）人身伤害； （2）高处坠落	3	6	7	126	3	上下爬梯时抓牢、蹬稳、扶牢
2	厂区通道	（1）低矮管道绊脚； （2）检修脚手架碰头； （3）高温高压管道辐射； （4）地沟盖板缺失	（1）灼伤； （2）其他伤害	3	6	3	54	2	（1）看清行走路况； （2）穿戴整齐劳保用品； （3）维护厂区道路平整及盖板完整； （4）设置警告牌、戴安全帽
3	主厂房高噪声环境	（1）发电厂生产噪声； （2）员工未佩戴护耳器	职业危害	6	6	3	108	3	（1）完善降噪措施； （2）佩戴护耳器； （3）定期进行噪声监测； （4）对员工进行听力基础及比较测试
4	机炉高温高压蒸汽	（1）正常运行时管道/法兰裂开； （2）密封件故障	灼烫	1	6	7	42	2	（1）工作时采取隔热措施； （2）穿戴个人防护用品，如长袖衣服、长裤子、隔热服和防护眼镜等
5	粉尘环境	（1）锅炉管路泄漏产生粉尘； （2）炉底渣散落/飞灰泄漏； （3）灰尘清理不当； （4）呼吸系统保护不当	职业危害	6	6	3	108	3	（1）采取控制粉尘措施，加强日常维护； （2）佩戴防尘口罩、呼吸器等； （3）定期进行粉尘监测； （4）定期体检； （5）及时清扫地面，清理积灰

38 起重作业

<table>
<tr><td colspan="4">

主要作业风险：
（1）设备损坏；
（2）人身伤害；
（3）起重伤害

</td><td colspan="6">

控制措施：
（1）禁用已损坏卸扣；
（2）持证上岗；
（3）选择合适吊点；
（4）禁止吊钩斜吊重物；
（5）调整抬吊水平度；
（6）缓慢落钩，防止倾倒或滚动

</td></tr>
<tr><th rowspan="2">编号</th><th rowspan="2">作业步骤</th><th rowspan="2">危害因素</th><th rowspan="2">可能导致的后果</th><th colspan="5">风险评价</th><th rowspan="2">控制措施</th></tr>
<tr><th>L</th><th>E</th><th>C</th><th>D</th><th>风险程度</th></tr>
<tr><td>一</td><td colspan="3">工作前准备</td><td></td><td></td><td></td><td></td><td></td><td></td></tr>
<tr><td>1</td><td>吊具</td><td>（1）钢丝绳锈蚀、严重磨损、断股；
（2）葫芦链条断裂、卡链；
（3）垫角不齐全；
（4）卸扣丝纹滑牙</td><td>（1）物体坠落；
（2）人身伤害；
（3）设备损坏</td><td>3</td><td>1</td><td>15</td><td>45</td><td>2</td><td>（1）定时保养钢丝绳；
（2）定期检查倒链；
（3）备足包角铁或木块；
（4）禁用已损坏卸扣；
（5）吊具选用适当</td></tr>
<tr><td>2</td><td>布置场地</td><td>（1）无证操作；
（2）照明不足；
（3）孔洞边缘没设围栏；
（4）无票作业；
（5）底板螺栓不松开；
（6）出水管道未拆除连接</td><td>（1）人身伤害；
（2）坠落；
（3）设备损坏</td><td>3</td><td>2</td><td>15</td><td>90</td><td>3</td><td>（1）持证上岗；
（2）灯光充足；
（3）做好隔离措施；
（4）办理工作票确认执行安全措施；
（5）确认拆除螺栓与其他连接</td></tr>
</table>

续表

编号	作业步骤	危害因素	可能导致的后果	风险评价					控制措施
				L	*E*	*C*	*D*	风险程度	
3	搭设脚手架	（1）脚手架无搭设委托单，搭设要求如载重、搭设环境不明等； （2）搭设高度4m以上无安全网； （3）脚手架不符合要求； （4）未经验收先使用	高处坠落	3	6	7	126	3	（1）填写搭设委托单，明确搭设要求如载重、搭设环境等； （2）高度4m以上设置安全网； （3）在动设备附近搭设，必须进行安全隔离和保持安全距离； （4）经验收合格和挂牌后使用
4	穿戴劳动防护用品	过期使用	人身伤害	3	3	15	135	3	（1）定检、更换； （2）着装整齐，安全帽、安全带佩戴规范
5	安全交底	（1）扩大作业范围； （2）误碰运行设备； （3）无法辨识危险源	（1）触电； （2）设备故障	1	6	15	90	3	（1）加强培训，做好安全交底； （2）成品保护； （3）现场监护； （4）作业人员应被告知作业现场和工作岗位存在的危险、危害因素，防范措施及事故应急措施
二	起重作业								
1	登高	（1）未挂安全带； （2）未设防护栏	人身伤害	3	2	7	42	2	（1）安全带高挂低用； （2）不得拆除防护栏
2	捆绑	（1）使用不合适吊具； （2）垫角不牢固； （3）卸扣螺纹不到底；	设备损坏	3	2	7	42	2	（1）合理使用吊具； （2）固定好包垫物； （3）旋紧卸扣螺栓；

续表

编号	作业步骤	危害因素	可能导致的后果	风险评价					控制措施
				L	E	C	D	风险程度	
2	捆绑	(4) 吊点不正确； (5) 吊索打结； (6) 绳索断丝	设备损坏	3	2	7	42	2	(4) 选择合适吊点； (5) 理顺吊索，不得有打结或扭曲
3	试吊	(1) 重心未找正； (2) 卸扣使用不规范； (3) 吊钩保险卡不回位； (4) 绳扣松； (5) 制动失灵； (6) 吊物坠落； (7) 绳索脱钩	(1) 起重伤害； (2) 设备损坏	3	2	7	42	2	(1) 找正重心位置； (2) 正确选用卸扣； (3) 做好吊钩检查； (4) 绳扣不良禁止起吊； (5) 确保吊机安全防护装置良好
4	起吊	(1) 吊物晃动碰触邻近物件； (2) 超载； (3) 无关人员进入作业区域； (4) 吊物上工具杂物未清理； (5) 起吊时未加溜绳； (6) 不能同时看清操作人员与工作地点； (7) 利用吊钩上下人员； (8) 操作员看不见信号； (9) 斜吊重物； (10) 物件重量不明	(1) 设备损坏； (2) 人身伤害； (3) 高处落物	3	6	7	126	3	(1) 找正中心孔位； (2) 禁止超载吊装； (3) 不准在吊杆或吊物下停留或行走； (4) 起吊前清除杂物； (5) 及时加装溜绳； (6) 设立中间人员逐级传递信号； (7) 禁止人员利用吊钩升降； (8) 不见信号不准操作； (9) 禁止吊钩斜着拖吊重物； (10) 物件无法估重时，禁止起吊

续表

编号	作业步骤	危害因素	可能导致的后果	风险评价					控制措施
				L	*E*	*C*	*D*	风险程度	
5	平移	（1）吊物碰撞物件； （2）平移晃动厉害； （3）速度过快； （4）吊物长久悬空； （5）误动	设备损坏	3	2	7	42	2	（1）做好物体碰撞防范措施； （2）行车缓慢、平稳行驶； （3）重物不准长时悬空
6	停放	（1）大小钩平抬时不水平； （2）道木铺垫距离不当； （3）吊物落地过快； （4）钢丝绳夹角过大； （5）吊物倾倒	设备损坏	3	1	7	21	2	（1）调整抬吊水平度； （2）合理平垫道木； （3）缓慢落钩，防止倾倒或滚动； （4）绳索夹角小于90°
7	解体配合	（1）指挥不当； （2）照明不足； （3）人员站位不当； （4）未使用倒链微调； （5）平移过快； （6）设备平放不正确； （7）绑带捆绑与吊钩不垂直； （8）捆扎不牢	（1）设备损坏； （2）起重伤害； （3）物体打击	6	1	15	90	3	（1）正确指挥； （2）照明充足； （3）站位适当、分工明确； （4）选择适合的工具； （5）匀速、平稳； （6）规范捆扎； （7）禁止歪拉斜吊

续表

编号	作业步骤	危害因素	可能导致的后果	风险评价					控制措施
				L	*E*	*C*	*D*	风险程度	
8	手工搬运	(1) 手工搬运方法或搬运姿势不当； (2) 用力不当或蛮干； (3) 物件过重，未使用工具或机具； (4) 员工未经培训，缺乏经验	(1) 人机工程伤害，如肌肉拉伤、腰部或背部肌肉损伤； (2) 设备损坏	3	6	3	54	2	(1) 进行手工搬运培训； (2) 用正确姿势搬运； (3) 提供适当搬运工具或其他工具
9	回装	(1) 人员交底不清楚； (2) 起重机具损坏； (3) 信号不明确； (4) 速度过快； (5) 捆绑未加包垫； (6) 选用吊具不合理	(1) 物体打击； (2) 设备损坏； (3) 起重伤害	6	1	7	42	2	(1) 工作前仔细交底； (2) 正确使用起重机具； (3) 指挥清晰，信号明确； (4) 吊机缓慢行驶； (5) 捆绑中加好包垫物； (6) 合理选用机工具
10	回吊	(1) 起钩之前未检查； (2) 钢丝绳滑脱； (3) 指挥不当； (4) 吊物碰撞物件； (5) 泵体运行晃动厉害； (6) 吊物重心不稳或绑扎不当	(1) 人身伤害； (2) 设备损坏	3	2	15	90	3	(1) 吊装前进行全面检查； (2) 做好监护，吊物下不许有人； (3) 使用溜绳； (4) 离地 100mm 复查； (5) 平稳吊装； (6) 规范绑扎

续表

编号	作业步骤	危害因素	可能导致的后果	风险评价					控制措施
				L	*E*	*C*	*D*	风险程度	
11	就位	(1) 吊物与孔洞中心不正； (2) 下落过快； (3) 吊物下有人逗留； (4) 隔离措施不到位； (5) 误差过大； (6) 监护人员不到位； (7) 传递信号不统一	(1) 发生物体碰撞； (2) 设备损害； (3) 人身伤害	6	2	7	84	3	(1) 多层监护、中心找正、微量松钩； (2) 作业区域无关人员不准入内； (3) 隔离带补缺，挂警示牌； (4) 加强培训； (5) 统一指挥信号
三	完工恢复								
1	清场	(1) 工具、杂物未清理； (2) 地面油迹未清除	其他伤害	10	2	3	60	2	(1) 工完料尽场地清； (2) 清理场地
四	作业环境								
1	暴露在高噪声环境下作业	(1) 发电厂运行风机、压缩机、高压蒸汽引起噪声； (2) 员工没有佩戴合适听力防护用品； (3) 听力防护用品使用不当	职业危害，致聋	3	2	7	42	2	(1) 采取控制噪声措施，加强日常维护； (2) 佩戴耳塞，在特高噪声区使用耳罩； (3) 定期进行噪声监测； (4) 对员工进行听力基础及比较测试

39 设备管道保洁（灰库区域）

主要作业风险： （1）高处坠落； （2）粉尘危害； （3）人身触电									控制措施： （1）必须系好安全带； （2）施工戴好防尘口罩； （3）使用合格电动工具
编号	作业步骤	危害因素	可能导致的后果	风险评价					控制措施
				L	*E*	*C*	*D*	风险程度	
一	工作前准备								
1	临时用电	（1）电源、电压等级和接线方式不符要求； （2）负荷过载	（1）触电； （2）火灾； （3）人身伤害	1	6	7	42	2	（1）检查电源； （2）验电
2	挂安全带	（1）安全带佩戴松垮； （2）安全带过期	高处坠落	1	6	7	42	2	（1）正规佩戴安全带； （2）定期检测
3	着装	（1）着装不规范； （2）安全帽没扣帽扣	人身伤害	3	3	7	63	2	（1）纠正，加强人员培训； （2）严禁酒后作业
4	登高作业	（1）交叉作业导致高处落物； （2）临边缺乏合适围栏； （3）防坠落保护使用不当； （4）在高处受保护区域外探身作业； （5）不使用或不正确使用安全带； （6）从梯子上滑落	（1）高处坠落； （2）其他人身伤害	1	6	7	42	2	（1）1.5m以上作业正确系挂安全带，4m以上脚手架作业应使用安全网； （2）设置高处作业现场监护； （3）设置隔离围栏和安全标识； （4）在没有安全带系挂场所设置水平或垂直安全绳； （5）交叉作业时必须做好上下层的隔离，设置安全警示，有落物或坠落危险时，禁止下层作业

续表

编号	作业步骤	危害因素	可能导致的后果	风险评价					控制措施
				L	*E*	*C*	*D*	风险程度	
二	工作过程								
1	人员进入池内作业	(1) 上下直梯时滑落; (2) 滑入深水; (3) 铁件或杂物遗留池中; (4) 灰水入眼; (5) 铁锹断柄身体失衡	(1) 人身伤害; (2) 物体打击	3	6	7	126	3	(1) 正确佩戴好劳动防护用品; (2) 抽干池水露出池底方可入池; (3) 清除身上钥匙和不必要的物件; (4) 稀释泥灰并排出，不得野蛮作业; (5) 拒用不安全工具; (6) 不得倚靠或跨坐栏杆; (7) 监护人员不离岗; (8) 工完关好栏杆活动门并上销
2	水泵作业	(1) 漏电; (2) 支架倒塌误操作; (3) 吸入口堵塞，电动机空转烧毁	(1) 人身伤害; (2) 设备损坏	1	2	15	30	2	(1) 将支架牢固的定位; (2) 使用前确认触电保护器完好; (3) 严格遵守水泵安全操作规程
3	接渣作业	(1) 渣水、泥浆输送软管破损; (2) 压力软管出口未固定，渣水飞溅; (3) 车槽内渣水过满	(1) 人机工程危害; (2) 设备损坏	3	2	3	18	1	(1) 划出作业区域，闲人不得通过; (2) 输送软管应完好，出口固定牢靠; (3) 车槽不得高位存放渣浆，避免溢流污染场地; (4) 清理池内焦石、硬块等杂物
4	保洁	(1) 工具随意摆放; (2) 姿势不当，用力过猛或蛮干; (3) 员工未经培训，缺乏经验;	(1) 人身伤害; (2) 设备事故;	1	3	15	45	2	(1) 清卫器具放在指定区域; (2) 培训，采用正确姿势; (3) 提供适当工具;

续表

编号	作业步骤	危害因素	可能导致的后果	风险评价					控制措施
				L	*E*	*C*	*D*	风险程度	
4	保洁	（4）使用不合适工具； （5）光线暗； （6）灭火器挪作他用； （7）回丝、抹布乱扔	（3）人机工程危害	1	3	15	45	2	（4）门口、通道、楼梯和平台等处，不准放置杂物，以免阻碍通行； （5）地板上临时堆放容易使人绊跌的物件时，必须设置明显的警告标志； （6）地面有灰浆泥污等，应及时清除，以防滑跌； （7）在楼梯、通道以及所有靠近机器转动部分狭窄地方的照明，须亮光充足； （8）不准随意将消防器材移作他用； （9）禁止在工作场所存储清洗剂等易燃物； （10）配备带盖的铁箱，以便随时放置擦拭材料
5	沟、井检修	（1）任意打开沟板、井盖； （2）不设警示围栏； （3）强行下井； （4）妨碍车来人往； （5）无监护人； （6）井下遗留检修物品； （7）沟井内突发大水	（1）车辆伤害； （2）中毒； （3）其他伤害； （4）溺水	3	2	15	90	3	（1）沟道或井下的温度超过50℃时，不准进行工作； （2）在沟道或井下进行工作时，地面上须有一人担任监护； （3）进入沟道或井下的工作人员须戴安全帽，使用安全带；安全带的绳子应绑在地面牢固的物体上，并由监护人监视；

续表

编号	作业步骤	危害因素	可能导致的后果	风险评价					控制措施
				L	*E*	*C*	*D*	风险程度	
5	沟、井检修	(1) 任意打开沟板、井盖； (2) 不设警示围栏； (3) 强行下井； (4) 妨碍车来人往； (5) 无监护人； (6) 井下遗留检修物品； (7) 沟井内突发大水	(1) 车辆伤害； (2) 中毒； (3) 其他伤害； (4) 溺水	3	2	15	90	3	(4) 进入下水道、疏水沟和井下进行检修工作前，必须采取措施，防止蒸汽或水在检修期间流入工作地点； (5) 加强排风； (6) 孔口设置刚性围栏及警示标志； (7) 工作完毕后工作负责人应清点人员和工具，查明确实无人或工具留在井下或沟内后，将盖板或其他防护装置装复
6	管道检修	(1) 踩踏管路； (2) 管阀、管架造成碰撞	人身伤害	1	6	7	42	2	(1) 事先看好逃生通道无障碍； (2) 成品保护； (3) 设置警告牌，戴好安全帽； (4) 不得正对或靠近泄漏点； (5) 酷暑期间室外工作时，须为工作人员提供足够的茶水、清凉饮料及防暑药品
7	拖把清洗	(1) 掉落孔洞； (2) 跌绊； (3) 清洗时拖把杆伤人	(1) 人身伤害； (2) 设备损坏	1	3	7	21	2	(1) 设置安全围栏； (2) 设置安全警示标志、标识等； (3) 小心拖把杆尾端伤身后人
三	完工恢复								
1	结束工作	现场遗留检修杂物	人身伤害	1	3	15	45	2	结束工作票

续表

编号	作业步骤	危害因素	可能导致的后果	风险评价					控制措施
				L	*E*	*C*	*D*	风险程度	
四	作业环境								
1	暴露在高噪声环境下作业	（1）员工没有佩戴合适听力防护用品，如耳塞、耳罩等； （2）听力防护用品使用不当	职业危害，如听力下降，致聋	3	6	3	54	2	（1）采取控制噪声措施，加强日常维护； （2）佩戴耳塞，在特高噪声区使用耳罩； （3）定期进行噪声监测； （4）对员工进行听力基础及比较测试
2	粉尘环境	（1）灰管道维护产生粉尘； （2）灰尘清理不当； （3）呼吸系统保护不当	职业危害，导致呼吸系统疾病或眼睛伤害，如肺脏功能减低、鼻/喉发炎、皮炎	1	6	7	42	2	（1）采取控制粉尘措施，加强日常维护； （2）佩戴防尘口罩、呼吸器等； （3）定期进行粉尘监测； （4）定期体检； （5）及时清扫地面，清理积灰

40 设备滤网启停

主要作业风险：	控制措施：
（1）机械伤害； （2）噪声伤害； （3）其他伤害	（1）严格操作监护制度； （2）操作前核对设备名称； （3）按规定检查设备保护正确投入； （4）正确佩戴安全帽，规范着装； （5）加强安全教育，强化安全意识

编号	作业步骤	危害因素	可能导致的后果	风险评价					控制措施
				L	*E*	*C*	*D*	风险程度	
一	操作前准备								
1	接收指令	工作对象不清楚	（1）导致人员伤害或设备异常； （2）物体打击、摔伤； （3）淹溺、坠落伤害、落物伤害	6	0.5	15	45	2	（1）确认目的，防止弄错对象； （2）工作中必须进行必要的沟通； （3）必要时按规定执行操作监护或操作前预演
2	操作对象核对	错误操作其他不该操作的设备		6	1	15	90	3	
3	选择合适的工器具	使用不当引起设备损坏		10	10	1	100	3	（1）使用合格的移动操作台； （2）使用合适的阀钩
4	准备合适的防护用具	（1）噪声； （2）高处落物		6	10	15	900	5	（1）正确佩戴安全帽； （2）戴防护手套； （3）穿合适的长袖工作服，衣服和袖口必须扣好； （4）穿劳动保护鞋； （5）必要时带上手电筒； （6）必要时使用面罩

续表

编号	作业步骤	危害因素	可能导致的后果	风险评价					控制措施
				L	*E*	*C*	*D*	风险程度	
二	操作内容								
1	凝结水泵入口滤网清洗	6kV开关操作、真空泄漏、异常情况（走错间隔等）	设备停运，人员伤害	6	1	15	90	3	（1）凝结水泵入口滤网清洗典型操作票； （2）各台机组之间具备独立的电气配电间门禁卡； （3）方便的远程联系方式，若发现异常无法控制，立刻停止操作并汇报； （4）运行操作监护制度
2	主机润滑油系统滤网切换	误动非操作对象	（1）烫伤； （2）其他伤害	3	1	15	45	2	按规定执行操作监护
3	给水泵汽轮机控制油系统滤网切换	（1）操作过程中出现泄漏； （2）操作中跌倒； （3）阀钩滑脱；	（1）烫伤； （2）跌伤； （3）物体打击	1	3	3	9	1	（1）检查周边高温管、阀保温完整； （2）尽量避免靠近或接触高温物体； （3）选择合理的操作位置，不准站在阀杆的正对面； （4）考虑好泄漏、爆裂时的避让或撤离路线，必须通畅； （5）不得正对或靠近泄漏点； （6）操作时远离疏放水口； （7）隔离已在泄漏的高温高压阀门时必须有两人进行； （8）在隔离已发生泄漏的阀门时首先确定汽流方向，在确定不被烫伤时方可进行操作；

续表

编号	作业步骤	危害因素	可能导致的后果	风险评价					控制措施
				L	*E*	*C*	*D*	风险程度	
3	给水泵汽轮机控制油系统滤网切换	（4）操作中碰到周围高温热体； （5）高处落物	（1）烫伤； （2）跌伤； （3）物体打击	1	3	3	9	1	（9）在泄漏声较大或刺耳时应戴耳塞； （10）当汽包小室、减温器小室已弥漫着大量蒸汽时，操作阀门应防止窒息，操作时感到胸闷或头晕时应立即停止操作并迅速撤离到通风场所； （11）环境恶劣处保证充足的照明； （12）备置吸油棉
4	密封油系统滤网切换	（1）发生水击爆炸； （2）操作过程中出现泄漏； （3）操作中跌倒； （4）阀钩滑脱； （5）操作中碰到周围热体； （6）高处落物	（1）泄漏烫伤； （2）爆炸； （3）跌伤； （4）物体打击	1	3	15	45	2	（1）查系统上已无人工作； （2）检查周边高温管、阀门保温完整； （3）尽量避免靠近或接触高温物体； （4）选择合理的操作位置； （5）缓慢均匀地开启阀门对管道和容器进行预暖，缓慢操作，避免管系冲击损坏； （6）预暖结束后方可缓慢均匀地将阀门开足； （7）考虑好泄漏、爆裂时的撤离线路； （8）不得正对或靠近泄漏点； （9）操作时远离疏放水口

续表

编号	作业步骤	危害因素	可能导致的后果	风险评价					控制措施
				L	*E*	*C*	*D*	风险程度	
5	定冷水泵入口滤网切换	（1）高处作业危害； （2）工具失落； （3）上下交差作业； （4）操作过程中出现泄漏； （5）操作中跌倒； （6）阀钩滑脱； （7）操作中碰到周围高温热体； （8）高处落物	（1）高处坠落； （2）物体打击； （3）烫伤； （4）跌伤	3	3	15	135	3	（1）使用合格的移动操作台； （2）高处操作时悬挂安全带； （3）检查周边高温管道、阀门保温完整； （4）尽量避免接触高温物体 ； （5）选择合理的操作位置； （6）采用正确的操作方法； （7）缓慢操作避免管系冲击损坏； （8）考虑好泄漏、爆裂时的撤离线路； （9）不得正对或靠近泄漏点，操作时远离疏放水口
6	循环水泵入口滤网启停	（1）身体不能充分舒展； （2）光线不够充分	绊跌、碰撞、滑倒、淹溺、坠落伤害	3	1	3	9	1	（1）使用充足照明； （2）安排操作监护； （3）检查周边高温管道、阀门保温完整； （4）尽量避免接触高温物体 ； （5）选择合理的操作位置； （6）采用正确的操作方法； （7）缓慢操作，避免管系冲击损坏； （8）考虑好泄漏、爆裂时的撤离线路； （9）不得正对或靠近泄漏点； （10）操作时远离疏放水口

续表

编号	作业步骤	危害因素	可能导致的后果	风险评价					控制措施
				L	*E*	*C*	*D*	风险程度	
7	高压油系统阀门操作	（1）高压油泄漏； （2）地面滑	（1）泄漏； （2）化学污染伤害； （3）地面积油滑跌	3	1	3	9	1	（1）及时清理泄漏油污； （2）不得直接接触各种油类； （3）口、眼、鼻溅入油类及时冲洗并就医； （4）检查周边高温管、阀保温完整； （5）选择合理的操作位置； （6）采用正确的操作方法； （7）缓慢操作避免管系冲击； （8）考虑好泄漏、爆裂时的撤离线路，必须通畅； （9）不得正对或靠近泄漏点

41 水泵检修

主要作业风险： （1）物体打击； （2）起重伤害； （3）机械伤害； （4）其他人身伤害和设备事故				控制措施： （1）办理工作票、确认检修开关、验电、上锁挂牌； （2）使用绝缘手套、绝缘鞋、面罩和防电弧服； （3）吊装前检查吊装器具、禁止站在吊件下； （4）如动火需开动火工作票、使用阻燃垫布、专人监护					
编号	作业步骤	危害因素	可能导致的后果	风险评价					控制措施
				L	*E*	*C*	*D*	风险程度	
一	检修前准备								
1	确认安全措施执行完毕	（1）拉错开关、走错间隔； （2）关错阀门； （3）阀门内漏或阀门未关到位	（1）设备事故； （2）人身伤害； （3）环境污染	6	1	1	6	1	办理工作票，确认并执行安全措施
2	使用手动工具	（1）手动工具如敲击工具锤头松脱、破损等； （2）使用不合适工具，小工具准备不全或遗漏等	（1）人身伤害； （2）设备损坏	6	1	3	18	1	（1）检查各类工具符合安全要求； （2）检查锤头与锤柄连接牢固； （3）使用工具包
3	布置场地	（1）工具摆放凌乱； （2）场地选择不当	（1）人身伤害； （2）影响人员通行	6	1	1	6	1	（1）严格执行定置管理要求； （2）进场前进行确认检查； （3）正确使用工器具
二	检修								
1	进出口膨胀节拆卸	（1）用力不当或蛮干； （2）使用工具不当；	（1）人机工程伤害；	6	1	1	6	1	（1）拆下的部件进行定置管理； （2）正确使用工机具

续表

编号	作业步骤	危害因素	可能导致的后果	风险评价					控制措施
				L	*E*	*C*	*D*	风险程度	
1	进出口膨胀节拆卸	（3）零部件遗失、错位	（2）设备损坏	6	1	1	6	1	（1）拆下的部件进行定置管理； （2）正确使用工机具
2	水泵解体（泵壳拆卸、叶轮拆卸、轴承拆卸）	（1）使用工具不当； （2）零部件遗失、错位； （3）卸拉用品损坏； （4）物件过重超载； （5）起吊物重心不稳或绑扎不当	（1）人身伤害； （2）设备损坏； （3）影响工作进度； （4）起重伤害	6	1	1	6	1	（1）拆前做好标记； （2）拆下的部件进行定置管理； （3）使用前检查手拉葫芦、钢丝绳吊扣等； （4）戴防护手套、安全帽； （5）吊物必须捆绑牢固，保持重心稳定
3	轴承、轴承室清洗	使用煤油清洗轴承时周围有明火	火灾	0.1	1	15	1.5	1	清洗轴承时严禁烟火
4	叶轮清理	（1）使用工具不当； （2）渣垢飞溅	（1）人身伤害； （2）设备损坏	6	1	1	6	1	（1）戴好个人防护用品； （2）正确使用机工具
5	水泵回装（水泵解体逆过程）								
6	进出口膨胀节更换回装	（1）使用工具不当； （2）起吊物重心不稳或绑扎不当； （3）物件过重超载	（1）人身伤害； （2）设备损坏； （3）高处危害	6	1	1	6	1	（1）使用前检查手拉葫芦、钢丝绳吊扣等； （2）戴防护手套、安全帽； （3）吊物必须捆绑牢固，保持重心稳定

续表

编号	作业步骤	危害因素	可能导致的后果	风险评价					控制措施
				L	*E*	*C*	*D*	风险程度	
三	完工恢复								
1	整体试转	（1）走错间隔； （2）误操作； （3）转动设备碰伤人身； （4）转动设备局部卡涩	（1）设备事故； （2）人身伤害	6	1	15	90	3	（1）不得误碰转动部位； （2）清理捞渣机内部异物； （3）观察转动部位
四	作业环境								
1	轴承室清扫，润滑油更换	润滑油污染	污染环境	1	1	7	7	1	（1）换下的润滑油及清洗零件后的煤油必须放入废油桶； （2）不得随意倾倒

42 吸附式干燥机保养

<table>
<tr><td colspan="4">主要作业风险：
（1）灼烫，高温物体烫伤；
（2）未检查和测定系统压力就工作；
（3）人机工程危害</td><td colspan="6">控制措施：
（1）开工前，先办工作票；
（2）对管道手动门疏水阀门打开，进行卸压；
（3）工作前进行安全教育</td></tr>
<tr><td rowspan="2">编号</td><td rowspan="2">作业步骤</td><td rowspan="2">危害因素</td><td rowspan="2">可能导致的后果</td><td colspan="5">风险评价</td><td rowspan="2">控制措施</td></tr>
<tr><td>L</td><td>E</td><td>C</td><td>D</td><td>风险程度</td></tr>
<tr><td>一</td><td colspan="3">保养前准备</td><td></td><td></td><td></td><td></td><td></td><td></td></tr>
<tr><td>1</td><td>系统泄压</td><td>（1）未检查和测定系统压力就工作；
（2）系统未完全泄压导致气流外喷；
（3）放气管或管道局部堵塞</td><td>气流喷出致人身伤害</td><td>3</td><td>6</td><td>3</td><td>54</td><td>2</td><td>（1）办理工作票，确认执行安全措施；
（2）双人共同确认阀门、上锁、挂警示牌；
（3）测量和确认系统泄压至零；
（4）使用面罩和安全带等防护用品</td></tr>
<tr><td>2</td><td>检修设备前验电</td><td>（1）误判无电；
（2）使用错误或破损的验电设备；
（3）触及其他带电部位</td><td>（1）触电、电弧灼伤；
（2）火灾</td><td>3</td><td>3</td><td>7</td><td>63</td><td>2</td><td>（1）双人共同确认正确的电开关或设备位置；
（2）戴绝缘手套、面罩，穿绝缘鞋和防电弧服；
（3）按带电要求操作</td></tr>
<tr><td>3</td><td>切断水源</td><td>（1）关错阀门；
（2）阀门内漏或阀门未关到位；
（3）阀门位于受限空间或井孔内</td><td>（1）水喷出导致人身伤害；
（2）井孔坠落</td><td>3</td><td>3</td><td>7</td><td>63</td><td>2</td><td>（1）办理工作票，确认执行安全措施；
（2）提供良好通风；
（3）使用面罩和安全带等防护用品</td></tr>
</table>

续表

编号	作业步骤	危害因素	可能导致的后果	风险评价					控制措施
				L	*E*	*C*	*D*	风险程度	
二	保养过程								
1	登高作业	（1）搭设脚手架高处坠落； （2）在脚手架上或平台上作业； （3）交叉作业导致高处落物； （4）临边缺乏合适围栏； （5）防坠落保护使用不当； （6）在高处受保护区域外作业； （7）不使用或不正确使用安全带； （8）从梯子上滑落	（1）高处坠落； （2）其他人身伤害	3	3	7	63	2	（1）1.5m以上作业必须正确系挂安全带，4m以上脚手架作业应使用安全网； （2）制定高处作业方案； （3）设置隔离围栏和安全标识； （4）在没有安全带系挂场所设置水平或垂直安全绳； （5）交叉作业时必须做好上下层的沟通，设置安全警示，有坠落危险时，禁止下层作业； （6）脚手架验收合格并挂牌
2	手工搬运	（1）手工搬运方法或搬运姿势不当； （2）用力不当或蛮干； （3）物件过重，未使用工具或机具； （4）员工未经培训，缺乏经验	（1）人机工程伤害，如肌肉拉伤、腰部或背部肌肉损伤； （2）设备损坏	3	3	7	63	2	（1）进行手工搬运培训； （2）用正确姿势搬运； （3）提供适当搬运工具或其他工具

续表

编号	作业步骤	危害因素	可能导致的后果	风险评价					控制措施
				L	*E*	*C*	*D*	风险程度	
3	使用手动工具	(1) 手动工具如敲击工具锤头松脱、破损等； (2) 使用不合适工具，小工具准备不全或遗漏等	(1) 人身伤害； (2) 设备损坏	3	2	2	4	6	(1) 检查各类工具符合安全要求； (2) 检查锤头与锤柄连接牢固； (3) 使用工具包
4	打开管线、法兰等	(1) 未切断或局部积压高压气流泄出； (2) 未切断或局部积压高压水流泄出； (3) 作业人员处于高压气流和水流喷出位置； (4) 未使用防护面罩等劳动防护用品； (5) 使用不合适工具或方法，如撬棒、气割等； (6) 高处作业无合适平台、脚手架，不戴或不正确系戴安全带； (7) 管线吊装等	(1) 灼烫； (2) 高处坠落； (3) 其他人身伤害	1	6	7	42	2	(1) 办理工作票和特殊作业票，执行安全措施，监护人到位； (2) 作业人员必须参加管线打开培训； (3) 双人共同确认阀门、上锁、挂警示牌； (4) 测量和确认系统泄压至零； (5) 做好现场安全隔离措施，如为登高作业应检查平台、脚手架和防护围栏是否符合要求； (6) 穿戴合适的工作服、防护鞋、防护面罩和安全带等； (7) 管线打开松螺栓时应由远到近，避免面对管内物质可能喷出的位置； (8) 对丝扣连接，打开时先松开1～2丝，确认无残余压力和残液泄漏后，再小心分离； (9) 管线吊装必须符合吊装作业要求

续表

编号	作业步骤	危害因素	可能导致的后果	风险评价					控制措施
				L	*E*	*C*	*D*	风险程度	
三	完工恢复								
1	结束工作	(1) 遗漏工器具; (2) 现场遗留检修杂物; (3) 不拆除临时用电; (4) 不结束工作票	(1) 触电; (2) 人身伤害	1	3	1	3	1	(1) 收齐检查工器具; (2) 清扫检修现场; (3) 拆除临时用电; (4) 结束工作票
四	作业环境								
1	暴露在高噪声环境下作业	(1) 发电厂运行风机、压缩机、高压气压引起噪声或缺乏维护; (2) 员工没有佩戴合适听力防护用品,如耳塞、耳罩等; (3) 听力防护用品使用不当	职业危害,如听力下降、致聋	1	6	3	18	1	(1) 采取控制噪声措施,加强日常维护; (2) 佩戴耳塞,在特高噪声区使用耳罩; (3) 定期进行噪声监测; (4) 对员工进行听力基础及比较测试
五	以往发生的事件								
1	蝶阀故障	(1) 蝶阀卡死; (2) 汽缸坏	母管压力下降	1	3	3	9	1	定时更换和清洗蝶阀

43 吸附式干燥机检修

主要作业风险： （1）灼烫，高温物体烫伤； （2）未检查和测定系统压力就工作； （3）人机工程危害				控制措施： （1）开工前，先办工作票； （2）对管道手动门疏水阀门打开，进行卸压； （3）工作前进行安全教育					
编号	作业步骤	危害因素	可能导致的后果	风险评价					控制措施
				L	*E*	*C*	*D*	风险程度	
一	检修前准备								
1	系统泄压	（1）未检查和测定系统压力就工作； （2）系统未完全泄压导致气流外喷； （3）放气管或管道局部堵塞	气流喷出致人身伤害	3	6	3	54	2	（1）办理工作票，确认执行安全措施； （2）双人共同确认阀门、上锁、挂警示牌； （3）测量和确认系统泄压至零； （4）使用面罩和安全带等防护用品
2	检修设备前验电	（1）误判无电； （2）使用错误或破损的验电设备； （3）触及其他带电部位	（1）触电、电弧灼伤； （2）火灾	3	3	7	63	2	（1）双人共同确认正确的电开关或设备位置； （2）戴绝缘手套、面罩，穿绝缘鞋和防电弧服； （3）按带电要求操作
3	切断水源	（1）关错阀门； （2）阀门内漏或阀门未关到位； （3）阀门位于受限空间或井孔内	（1）水喷出导致人身伤害； （2）井孔坠落	3	3	7	63	2	（1）办理工作票，确认执行安全措施； （2）提供良好通风； （3）使用面罩和安全带等防护用品

续表

编号	作业步骤	危害因素	可能导致的后果	风险评价					控制措施
				L	*E*	*C*	*D*	风险程度	
二	检修								
1	登高作业	(1) 搭设脚手架高处坠落； (2) 在脚手架上或平台上作业； (3) 交叉作业导致高处落物； (4) 临边缺乏合适围栏； (5) 防坠落保护使用不当； (6) 在高处受保护区域外作业； (7) 不使用或不正确使用安全带； (8) 从梯子上滑落	(1) 高处坠落； (2) 其他人身伤害	3	3	7	63	2	(1) 1.5m以上作业必须正确系挂安全带，4m以上脚手架作业应使用安全网； (2) 制定高处作业方案； (3) 设置隔离围栏和安全标识； (4) 在没有安全带系挂场所设置水平或垂直安全绳； (5) 交叉作业时必须做好上下层的沟通，设置安全警示，有坠落危险时，禁止下层作业； (6) 脚手架验收合格并挂牌
2	手工搬运	(1) 手工搬运方法或搬运姿势不当； (2) 用力不当或蛮干； (3) 物件过重，未使用工具或机具； (4) 员工未经培训，缺乏经验	(1) 人机工程伤害，如肌肉拉伤、腰部或背部肌肉损伤； (2) 设备损坏	3	3	7	63	2	(1) 进行手工搬运培训； (2) 用正确姿势搬运； (3) 提供适当搬运工具或其他工具

续表

编号	作业步骤	危害因素	可能导致的后果	风险评价					控制措施
				L	*E*	*C*	*D*	风险程度	
3	使用手动工具	（1）手动工具如敲击工具锤头松脱、破损等； （2）使用不合适工具，小工具准备不全或遗漏等	（1）人身伤害； （2）设备损坏	3	2	1	6	1	（1）检查各类工具符合安全要求； （2）检查锤头与锤柄连接牢固； （3）使用工具包
4	动火作业	（1）附近有易燃易爆气体或易燃物； （2）气管老化、漏气、打结； （3）无氧气减压器和乙炔回火阀； （4）气管与钢瓶接口没有固定； （5）气体钢瓶没有固定； （6）乙炔气瓶与氧气钢瓶距离太近； （7）没有使用阻燃垫； （8）割渣飞溅，没有使用阻燃垫； （9）没有穿戴或使用不合适的工作服、防护鞋、防护眼镜和面罩等； （10）交叉作业或登高作业； （11）动火后火星复燃	（1）火灾； （2）化学爆炸； （3）人身伤害	3	6	7	126	3	（1）办理动火作业票，执行安全措施，监护人到位； （2）作业人员必须参加动火作业培训； （3）检查气管有无破损，使用氧气减压器和乙炔回火阀； （4）氧气瓶、乙炔瓶垂直放置并固定，距离不小于8m； （5）做好防火隔离措施，如使用阻燃垫和警示标识，准备灭火器等； （6）穿戴合适的工作服、防护鞋、防护眼镜、面罩和安全带等； （7）交叉作业及时沟通和设置警示； （8）动火完成后看护

续表

编号	作业步骤	危害因素	可能导致的后果	风险评价					控制措施
				L	*E*	*C*	*D*	风险程度	
5	打开管线、法兰等	(1) 未切断或局部积压高压气流泄出； (2) 未切断或局部积压高压水流泄出； (3) 作业人员处于高压气流和水流喷出位置； (4) 未使用防护面罩等劳动防护用品； (5) 使用不合适工具或方法，如撬棒、气割等； (6) 高处作业无合适平台、脚手架，不戴或不正确系戴安全带； (7) 管线吊装等	(1) 灼烫； (2) 高处坠落； (3) 其他人身伤害	1	6	7	42	2	(1) 办理工作票和特殊作业票，执行安全措施，监护人到位； (2) 作业人员必须参加管线打开培训； (3) 双人共同确认阀门、上锁、挂警示牌； (4) 测量和确认系统泄压至零； (5) 做好现场安全隔离措施，如为登高作业应检查平台、脚手架和防护围栏是否符合要求； (6) 穿戴合适的工作服、防护鞋、防护面罩和安全带等； (7) 管线打开松螺栓时应由远到近，避免面对管内物质可能喷出的位置； (8) 对丝扣连接，打开时先松开1～2丝，确认无残余压力和残液泄漏后，再小心分离； (9) 管线吊装必须符合吊装作业要求
三	完工恢复								
1	结束工作	(1) 遗漏工器具； (2) 现场遗留检修杂物； (3) 不拆除临时用电； (4) 不结束工作票	(1) 触电； (2) 人身伤害	1	3	1	3	1	(1) 收齐检查工器具； (2) 清扫检修现场； (3) 拆除临时用电； (4) 结束工作票

续表

编号	作业步骤	危害因素	可能导致的后果	风险评价					控制措施
				L	*E*	*C*	*D*	风险程度	
四	作业环境								
1	暴露在高噪声环境下作业	（1）发电厂运行风机、压缩机、高压气流引起噪声或缺乏维护； （2）员工没有佩戴合适听力防护用品，如耳塞、耳罩等； （3）听力防护用品使用不当	职业危害，如听力下降，致聋	1	6	3	18	1	（1）采取控制噪声措施，加强日常维护； （2）佩戴耳塞，在特高噪声区使用耳罩； （3）定期进行噪声监测； （4）对员工进行听力基础及比较测试
五	以往发生的事件								
1	蝶阀故障	（1）蝶阀卡死； （2）汽缸坏	母管压力下降	1	3	3	9	1	定时检查和清洗蝶阀

44 旋转辅机定期切换

<table>
<tr><td colspan="4">主要作业风险：
（1）因工作对象不清或填错操作票造成误操作设备；
（2）错误选择工器具造成设备损坏和人身伤害；
（3）未正确佩戴劳动防护用品导致人身伤害</td><td colspan="6">控制措施：
（1）执行发令复诵制度、核对现场设备双重名称；
（2）正确填写和核对操作票，执行操作监护制度；
（3）操作时选择合适的工器具；
（4）操作时正确佩戴穿好劳动防护用品</td></tr>
<tr><td rowspan="2">编号</td><td rowspan="2">作业步骤</td><td rowspan="2">危害因素</td><td rowspan="2">可能导致的后果</td><td colspan="5">风险评价</td><td rowspan="2">控制措施</td></tr>
<tr><td>L</td><td>E</td><td>C</td><td>D</td><td>风险程度</td></tr>
<tr><td>一</td><td colspan="3">操作前准备</td><td></td><td></td><td></td><td></td><td></td><td></td></tr>
<tr><td>1</td><td>接收指令</td><td>工作对象不清楚</td><td>（1）机械伤害；
（2）设备异常</td><td>3</td><td>6</td><td>7</td><td>126</td><td>3</td><td>（1）确认目的，防止弄错对象；
（2）设备操作人再确认</td></tr>
<tr><td>2</td><td>安全交底</td><td>交底不清</td><td>（1）机械伤害；
（2）设备异常</td><td>3</td><td>6</td><td>7</td><td>126</td><td>3</td><td>（1）正确核对现场设备名称及标牌或系统图；
（2）按规定执行操作监护；
（3）设备操作人再确认</td></tr>
<tr><td>3</td><td>填写操作票</td><td>填错操作票</td><td>（1）机械伤害；
（2）设备异常</td><td>3</td><td>6</td><td>7</td><td>126</td><td>3</td><td>（1）正确填写和检查操作票填写内容正确；
（2）严格执行操作监护制度；
（3）设备操作人再确认</td></tr>
<tr><td>4</td><td>选择合适的工器具</td><td>工器具选择不当</td><td>机械伤害</td><td>1</td><td>6</td><td>7</td><td>42</td><td>2</td><td>（1）根据检查操作内容，携带必需的工具，如对讲机、测振仪、听棒；
（2）检查所用的工具必须完好；
（3）正确使用工器具；</td></tr>
</table>

续表

编号	作业步骤	危害因素	可能导致的后果	风险评价					控制措施
				L	*E*	*C*	*D*	风险程度	
4	选择合适的工器具	工器具选择不当	机械伤害	1	6	7	42	2	（4）携带可靠通信工具，操作时保持联系； （5）出现异常情况及时与控制室联系，紧急情况联系主控室紧急停用
5	穿戴合适的劳护用品	（1）穿戴不合适的劳护用品； （2）介质泄漏； （3）高处落物	（1）物体打击； （2）机械伤害； （3）高处坠落； （4）其他伤害	1	6	7	42	2	（1）正确佩戴安全帽； （2）规范着装（袖口扣好、衣服扣好）； （3）穿劳动保护鞋； （4）携带通信工具； （5）携带手电筒，电源要充足，亮度要足够； （6）必要时戴好耳塞
二	操作内容								
1	再次核对操作对象	错误操作其他设备	（1）机械伤害； （2）设备异常； （3）触电	3	6	7	126	3	（1）正确核对现场设备名称及标牌或系统图； （2）按规定执行操作监护； （3）明确操作人、监护人及现场检查人，以便对口联系
2	设备启动前检查	设备误启动	机械伤害	1	6	7	42	2	（1）禁止触摸转动部分或移动部位； （2）加强与控制室联系，保持通信畅通

续表

编号	作业步骤	危害因素	可能导致的后果	风险评价					控制措施
				L	*E*	*C*	*D*	风险程度	
3	备用设备启动	（1）转动部分上有异物； （2）转动部分上有人工作； （3）关联系统有人工作未隔离； （4）设备运转异常	（1）机械伤害； （2）作业环境危害； （3）其他伤害； （4）淹溺	1	6	7	42	2	（1）按设备启动前检查卡进行检查； （2）不得触摸旋转或移动部位； （3）严禁在转动设备的靠背轮罩上行走、站立、跨越； （4）操作时看清平台结构； （5）转动设备启动时合理站位，站在转动设备轴向，禁止站在管道、栏杆、靠背轮罩壳上，避免部件故障伤人； （6）及时清除地面冰雪； （7）出现异常情况及时与控制室联系，紧急情况及时按就地紧停按钮
4	原运行设备停运	（1）设备误停运； （2）设备停运后未投入备用； （3）两台设备并列时间过长	设备异常	3	6	3	54	2	严格执行操作票制度

45 制作平台检修

<table>
<tr><td colspan="4">主要作业风险：
（1）触电；
（2）人身伤害；
（3）设备损坏；
（4）机械伤害；
（5）环境污染；
（6）其他伤害；
（7）爆炸；
（8）物体打击</td><td colspan="6">控制措施：
（1）确认设备名称及检修的工艺要求；
（2）加强设备起重人员的管理；
（3）严格执行设备验收制度以及工作票制度；
（4）制定严格的动火工作票制度，执行安全措施，监护人到位；
（5）加强劳动防护用品的使用和规范；
（6）检修前进行细致的技术交底和安全交底</td></tr>
<tr><td rowspan="2">编号</td><td rowspan="2">作业步骤</td><td rowspan="2">危害因素</td><td rowspan="2">可能导致的后果</td><td colspan="5">风险评价</td><td rowspan="2">控制措施</td></tr>
<tr><td>L</td><td>E</td><td>C</td><td>D</td><td>风险程度</td></tr>
<tr><td>一</td><td colspan="3">检修前准备</td><td></td><td></td><td></td><td></td><td></td><td></td></tr>
<tr><td>1</td><td>准备手动工具</td><td>（1）手动工具如敲击工具锤头松脱、破损等；
（2）使用不合适工具，小工具准备不全或遗漏等</td><td>（1）人身伤害；
（2）设备损坏</td><td>6</td><td>3</td><td>3</td><td>54</td><td>2</td><td>（1）使用前确认工具型号和标示；
（2）使用前确认工具完好合格</td></tr>
<tr><td>2</td><td>准备电动工具</td><td>（1）电动工具不符合要求，如电线破损、绝缘和接地不良；
（2）电源无触电保护或/和工具设备无接地保护；
（3）使用时如砂轮片、切割片等断裂飞出</td><td>（1）触电；
（2）机械伤害；
（3）人身伤害</td><td>3</td><td>2</td><td>15</td><td>90</td><td>3</td><td>（1）使用前检查电源线、接地和其他部件良好，经检验合格在有效期内；
（2）电源盘等必须使用漏电保护器；
（3）确保易耗品，如砂轮片、切割片的质量；
（4）使用正确劳动防护用品，如眼镜、面罩等</td></tr>
</table>

续表

编号	作业步骤	危害因素	可能导致的后果	风险评价					控制措施
				L	*E*	*C*	*D*	风险程度	
3	准备劳动防护用品	劳保用品佩戴不当	其他伤害	3	2	3	18	1	(1) 加强相互之间的监督； (2) 严格遵守公司关于劳保用品正确使用的规定
4	布置场地	(1) 工具摆放凌乱； (2) 场地选择不当，如场地条件不足（照明等）	(1) 人身伤害； (2) 影响人员通行	3	3	3	27	2	(1) 严格执行定置管理要求； (2) 进场前进行确认检查； (3) 正确使用工器具
5	进行作业前的安全交底	(1) 安全交底不清楚； (2) 交底的内容存在缺陷； (3) 交底没有落实到每一位人员	(1) 人身伤害； (2) 设备损坏	3	3	3	27	2	(1) 加强对人员的安全培训和学习； (2) 严格执行安全交底的有关工作
6	脚手架搭设及验收	(1) 脚手架不稳或倾斜，容易导致脚手架坍塌； (2) 脚手架没进行验收，脚手架无合格牌； (3) 大型脚手架没有进行设计和审核； (4) 搭设脚手架中误碰设备	(1) 人身伤害； (2) 设备损坏； (3) 高处坠落	3	1	40	120	3	(1) 填写搭设委托单，明确搭设要求； (2) 检查搭设人员有无资质； (3) 搭设时戴安全帽，系安全带和防滑鞋等； (4) 在设备附近搭设必须进行必要的交底； (5) 经验收和挂牌后使用
7	准备劳动防护用品并对现场工作人员进行安全交底	(1) 劳保用品佩戴不当； (2) 安全交底不清； (3) 未进行安全交底	(1) 物体打击； (2) 其他伤害	3	3	9	81	3	(1) 加强相互之间的监督； (2) 严格遵守公司关于劳保用品正确使用的规定；

续表

编号	作业步骤	危害因素	可能导致的后果	风险评价					控制措施
				L	*E*	*C*	*D*	风险程度	
7	准备劳动防护用品并对现场工作人员进行安全交底	（1）劳保用品佩戴不当； （2）安全交底不清； （3）未进行安全交底	（1）物体打击； （2）其他伤害	3	3	9	81	3	（3）工作负责人必须对现场工作人员进行安全交底和技术交底，并在相关文件中签字后方可开工
二	检修过程中								
1	切割焊接或固定（动火作业电焊）	（1）附近有易燃易爆气体或易燃物； （2）附近有带电设备； （3）没有使用防火垫； （4）交叉作业，没有进行有效的分工和确认； （5）动火设备不符合要求，如电焊机接线破损、接头接线不符合要求、接地不良等； （6）没有正确佩戴工作服、防护鞋、防护眼镜和面罩等	（1）触电，电弧灼伤； （2）火灾； （3）化学爆炸； （4）高处坠落； （5）工具和设备损坏； （6）中毒和窒息	3	6	7	126	3	（1）办理动火工作票，执行安全措施，监护人到位； （2）做好防火隔离措施，如使用防火垫和警示标识，准备灭火器等； （3）检查电焊机是否符合要求、正确接线和接地
三	完工恢复								
1	检查、恢复设备各系统	（1）走错间隔； （2）误操作； （3）操作不到位	（1）人身伤害； （2）设备损坏； （3）系统无法投运，影响工作进度	3	1	7	21	2	（1）回押工作票； （2）确认恢复安全措施

续表

编号	作业步骤	危害因素	可能导致的后果	风险评价					控制措施
				L	*E*	*C*	*D*	风险程度	
2	结束工作（现场文明施工）	（1）遗漏工器具； （2）现场遗留检修杂物； （3）不拆除临时用电； （4）不结束工作票，终结工作票继续进行工作	（1）设备损坏； （2）人身伤害； （3）设备故障	6	3	1	18	1	（1）收齐检查工器具； （2）清扫检修现场； （3）拆除临时用电； （4）结束工作票
四	作业环境								
1	材料切割打磨	（1）材料打磨产生的粉尘环境； （2）灰尘清理不当； （3）呼吸系统保护不当	职业危害，导致呼吸系统疾病或眼睛伤害，如尘肺、咽喉炎、皮炎等	6	1	1	6	1	（1）佩戴防尘口罩； （2）及时清扫

46 主厂房及外围地面保洁

<table>
<tr><td colspan="4">**主要作业风险：**
（1）灼烫；
（2）人身伤害</td><td colspan="6">**控制措施：**
（1）劳保用品穿戴整齐；
（2）现场培训；
（3）禁止损坏转动件防护罩</td></tr>
<tr><th rowspan="2">编号</th><th rowspan="2">作业步骤</th><th rowspan="2">危害因素</th><th rowspan="2">可能导致的后果</th><th colspan="5">风险评价</th><th rowspan="2">控制措施</th></tr>
<tr><th>*L*</th><th>*E*</th><th>*C*</th><th>*D*</th><th>风险程度</th></tr>
<tr><td>一</td><td colspan="3">工作前准备</td><td></td><td></td><td></td><td></td><td></td><td></td></tr>
<tr><td>1</td><td>工具</td><td>（1）拖把夹子坏掉；
（2）拖把脱布条；
（3）水桶漏水</td><td>（1）误碰设备；
（2）触电</td><td>1</td><td>6</td><td>3</td><td>18</td><td>1</td><td>（1）修复拖把；
（2）更新水桶；
（3）使用工具前应进行检查，不具备安全条件的工具不准使用</td></tr>
<tr><td>2</td><td>场地布置</td><td>（1）汽机房上透平窗户锁扣坏；
（2）地沟没盖板；
（3）检修架子挡道；
（4）通道不平；
（5）光线不足</td><td>其他伤害</td><td>1</td><td>6</td><td>7</td><td>42</td><td>2</td><td>（1）修复窗扣后关闭；
（2）遇有地坑孔洞，必须设临时围栏和警示标示；
（3）行走注意观察路况；
（4）维护厂区道路平整；
（5）照明充足</td></tr>
<tr><td>3</td><td>着装</td><td>（1）着装不规范；
（2）安全帽没扣帽扣；
（3）穿拖鞋、高跟鞋；
（4）手套破烂；
（5）不戴护耳器</td><td>人身伤害</td><td>3</td><td>3</td><td>7</td><td>63</td><td>2</td><td>（1）加强人员培训；
（2）劳保用品穿戴整齐；
（3）定期更换；
（4）作业人员进入生产现场必须穿着合体的工作服；</td></tr>
</table>

续表

编号	作业步骤	危害因素	可能导致的后果	风险评价					控制措施
				L	*E*	*C*	*D*	风险程度	
3	着装	(1) 着装不规范； (2) 安全帽没扣帽扣； (3) 穿拖鞋、高跟鞋； (4) 手套破烂； (5) 不戴护耳器	人身伤害	3	3	7	63	2	(5) 工作服禁止使用化纤或棉、化纤混纺的衣料制作，以防遇火燃烧加重烧伤程度； (6) 禁止穿戴围巾、长衣服、裙子、领带等易被机械卷入的衣物； (7) 禁止穿拖鞋、凉鞋、高跟鞋和带钉子的鞋作业； (8) 辫子、长发必须盘在安全帽内
4	安全交底	(1) 扩大作业范围； (2) 误碰运行设备； (3) 辨识危险源不详尽	(1) 人身伤害； (2) 设备故障	1	6	15	90	3	(1) 加强培训，做好危险源分析与安全防范措施交底； (2) 加大成品保护意识，提高安全作业技能； (3) 现场监护人不许担任其他工作； (4) 作业人员应被告知作业现场和工作岗位存在的危险、危害因素、防范措施及事故应急措施
二	工作过程								
1	保洁	(1) 工具随意摆放； (2) 姿势不当，用力过猛或蛮干； (3) 员工未经培训，缺经验；	(1) 人身伤害； (2) 设备事故； (3) 人机工程危害	3	3	3	27	2	(1) 清卫器具放在指定区域； (2) 培训，采用正确姿势； (3) 提供适当工具； (4) 门口、通道、楼梯和平台等处，不准放置杂物，以免阻碍通行；

续表

编号	作业步骤	危害因素	可能导致的后果	风险评价					控制措施
				L	*E*	*C*	*D*	风险程度	
1	保洁	（4）使用不合适工具； （5）光线暗； （6）灭火器挪作他用； （7）回丝、抹布乱扔； （8）冲洗地面及部分设备时未做防护措施	（1）人身伤害； （2）设备事故； （3）人机工程危害	3	3	3	27	2	（5）地板上临时堆放容易使人绊跌的物件时，必须设置明显的警告标志； （6）地面有灰浆泥污等，应及时清除，以防滑跌； （7）在楼梯、通道以及所有靠近机器转动部分和高温表面等狭窄地方的照明，须亮光充足； （8）不准随意将消防器材移作他用； （9）禁止在工作场所存储清洗剂等易燃物； （10）配备带盖的铁箱，以便随时放置擦拭材料
2	转动机械	（1）意外接触运转部件； （2）设备误启动； （3）人员误碰带电设备	（1）触电； （2）机械伤害	3	3	15	135	3	（1）作业人员不应穿戴有可能被转动的机器绞住或卡住的服装； （2）与带电体保持安全距离； （3）禁止损坏转件防护罩； （4）现场培训，采用正确姿势； （5）提供合适工具； （6）所有进入生产现场的人员，衣服和袖口必须扣紧； （7）禁止在运行中清扫、擦拭和润滑机器的旋转和移动的部分，以及把手伸入栅栏内；

续表

编号	作业步骤	危害因素	可能导致的后果	风险评价					控制措施
				L	*E*	*C*	*D*	风险程度	
2	转动机械	(1) 意外接触运转部件； (2) 设备误启动； (3) 人员误碰带电设备	(1) 触电； (2) 机械伤害	3	3	15	135	3	(8) 遵守安全警示标识提醒； (9) 清拭运转中机器的固定部分时，不准把抹布缠在手上或手指上； (10) 湿手不准去摸触电源开关以及其他电气设备
3	沟、井	(1) 任意打开沟板、井盖； (2) 不设警示围栏； (3) 强行下井； (4) 妨碍车来人往； (5) 无监护人； (6) 井下遗留检修物品	(1) 车辆伤害； (2) 中毒； (3) 其他伤害； (4) 溺水	3	2	15	90	3	(1) 沟道或井下的温度超过50℃时，不准进行工作； (2) 在沟道或井下进行工作时，地面上须有一人担任监护； (3) 进入沟道或井下的工作人员须戴安全帽，使用安全带；安全带的绳子应绑在地面牢固的物体上，并由监护人监视； (4) 工作完毕后工作负责人应清点人员和工具，查明确实无人或工具留在井下或沟内后，将盖板或其他防护装置装复，并通知运行人员工作已经完毕； (5) 加强排风； (6) 孔口设置刚性围栏及警示标志
4	汽机房楼梯	(1) 阶梯有水造成滑跌； (2) 擅自拆除栏杆； (3) 光线不亮； (4) 骑坐栏杆	人身伤害	6	3	3	54	2	(1) 禁止在栏杆上和靠背轮安全罩上行走和坐立； (2) 上下楼梯要抓牢扶手； (3) 所有楼梯、平台、通道、栏杆都应保持完整； (4) 维护好路灯照明

续表

编号	作业步骤	危害因素	可能导致的后果	风险评价					控制措施
				L	*E*	*C*	*D*	风险程度	
5	外围酸碱罐	（1）意外接触化学液体； （2）罐体泄漏	人身伤害	3	3	7	63	2	（1）在室外作业场所路滑的地段应采取防滑措施，设立防滑标志； （2）应尽可能避免靠近和长时间地停留在可能受到有毒有害气体、污染物损害或强酸、强碱泄漏伤害的地方； （3）在进行酸碱类工作的地点，应备有自来水、毛巾、药棉及急救时中和用的溶液； （4）当浓酸溅到眼睛内或皮肤上时，迅速用大量的清水冲洗，再以0.5%的碳酸氢钠溶液清洗； （5）当强碱溅到眼睛内或皮肤上时，应迅速用大量的清水冲洗，再用2%的稀硼酸溶液清洗眼睛或用1%的醋酸清洗皮肤
6	排汽阀	（1）排气管泄漏； （2）耳鸣	（1）灼烫； （2）人身伤害	3	3	7	63	2	（1）设置警告牌； （2）佩戴耳塞，在特高噪声区使用耳罩； （3）定期体检； （4）设备异常运行可能危及人身安全时，清扫人员不准接近该设备或在该设备附近逗留

续表

编号	作业步骤	危害因素	可能导致的后果	风险评价					控制措施
				L	E	C	D	风险程度	
7	油站	(1) 踩到积油滑跌； (2) 踩踏仪表管； (3) 误碰按钮； (4) 打碎玻璃门	(1) 火灾； (2) 设备事故	1	6	7	42	2	(1) 行走注意观察，及时清除积油； (2) 禁止踩踏仪表管； (3) 成品保护； (4) 正确辨识作业点危险源，文明清卫
8	高温管道	(1) 踩踏高温管路； (2) 管阀、管架造成碰撞； (3) 作业人员处于高压蒸汽泄出位置	(1) 灼烫； (2) 人身伤害	1	6	7	42	2	(1) 事先看好逃生通道无障碍； (2) 成品保护； (3) 设置警告牌，戴好安全帽； (4) 不得正对或靠近泄漏点； (5) 酷暑期间室外工作时，须为工作人员提供足够的茶水、清凉饮料及防暑药品； (6) 应尽可能避免靠近和长时间地停留在可能受到烫伤的地方
9	拖把清洗	(1) 掉落孔洞； (2) 跌绊； (3) 电梯出入竹竿误碰灯泡； (4) 清洗时拖把杆伤人； (5) 雨天场地湿滑	(1) 人身伤害； (2) 设备损坏	1	3	7	21	2	(1) 设置安全围栏； (2) 设置安全警示标志、标识等； (3) 小心拖把杆尾端伤人伤物； (4) 服从电梯操作员的管理
三	完工恢复								
1	结束工作	(1) 拖把扔在走道； (2) 水桶放在现场； (3) 现场遗留检修杂物	其他伤害	1	3	7	21	2	(1) 及时收回工具； (2) 清理场地

续表

编号	作业步骤	危害因素	可能导致的后果	风险评价					控制措施
				L	*E*	*C*	*D*	风险程度	
四	作业环境								
1	暴露在高噪声环境下作业	(1) 发电厂生产噪声； (2) 员工未佩戴护耳器； (3) 防护用品	职业危害，致聋	1	6	7	42	2	(1) 完善降噪措施； (2) 佩戴护耳器； (3) 定期进行噪声监测； (4) 对员工进行听力基础及比较测试
2	粉尘环境	(1) 锅炉管路泄漏产生粉尘； (2) 炉底渣散落/飞灰泄漏； (3) 灰尘清理不当； (4) 呼吸系统保护不当	职业危害，尘肺	1	6	7	42	2	(1) 采取控制粉尘措施，加强日常维护； (2) 佩戴防尘口罩、呼吸器等； (3) 定期进行粉尘监测； (4) 定期体检； (5) 及时清扫地面，清理积灰
3	接触高温高压蒸汽	(1) 正常运行时管道/法兰裂开； (2) 密封件故障	灼烫	1	6	7	42	2	(1) 穿戴个人防护用品，如长袖衣服、长裤子、隔热服和防护眼镜等； (2) 工作时采取隔热措施； (3) 日常检验/压力容器检验

47 转动机械启停

主要作业风险： （1）触电； （2）烫伤； （3）爆炸伤害； （4）机械伤害； （5）腐蚀伤害； （6）其他伤害	控制措施： （1）办理送电单，编制电气操作票； （2）认真核对现场设备； （3）检查防护装置是否牢固； （4）带好防护用具、对讲机

编号	作业步骤	危害因素	可能导致的后果	风险评价					控制措施
				L	*E*	*C*	*D*	风险程度	
一	操作前准备								
1	接收指令	工作对象不清楚	（1）导致人员伤害； （2）设备异常	6	0.5	15	45	2	确认目的，防止弄错对象
2	操作对象核对	错误操作其他的设备	（1）导致人员伤害； （2）设备异常	6	1	15	90	3	（1）正确核对设备名称及标牌； （2）按规定执行操作监护； （3）明确操作人、监护人及现场检查人，以便对口联系
3	准备合适的防护用具	（1）设备现场有空中落物； （2）转动设卷绞衣服； （3）电动机金属外壳接地装置不完整； （4）介质泄漏（漏油）； （5）地面滑跌	（1）物体打击； （2）机械伤害； （3）触电； （4）化学伤害； （5）滑跌摔伤	6	6	7	252	4	（1）正确佩戴安全帽； （2）规范着装（袖口扣好、衣服扣好）； （3）穿劳动保护鞋； （4）携带通信工具； （5）携带手电筒，电源要充足，亮度要足够； （6）必要时戴好耳塞

续表

编号	作业步骤	危害因素	可能导致的后果	风险评价					控制措施
				L	*E*	*C*	*D*	风险程度	
4	准备合适的用具	启动中发生强烈振动或设备损坏	机械伤害	6	10	3	180	4	（1）根据检查内容，携带必需的工具，如对讲机、测振仪、听棒、测温仪等； （2）检查并测试所带的工具必须完好
二	启动操作								
1	设备静止检查	（1）电动机接地装置不完整； （2）设备误启动	（1）触电； （2）机械伤害	1	10	15	150	3	（1）检查电动机的金属外壳的接地装置，必须完整牢固； （2）进行外观检查时禁止触摸转动部分或移动部位； （3）加强与控制室联系，保持通信畅通； （4）熟悉紧急停运按钮位置
2	设备启动	（1）转动部分上有异物； （2）转动部分上有人工作； （3）关联系统有人工作未隔离； （4）设备运转异常	（1）机械伤害； （2）扬尘伤害； （3）气流冲击摔伤； （4）淹溺	1	1	15	15	1	（1）按设备启动前检查卡进行检查； （2）不得触摸旋转或移动部位； （3）严禁在转动设备的靠背轮罩上行走、站立、跨越； （4）操作时看清平台结构，防止滑倒、绊倒或坠落； （5）转动设备启动时合理站位，站在转动设备轴向，禁止站在管道、栏杆、靠背轮罩壳上，避免部件故障伤人； （6）及时清除地面冰雪； （7）出现异常情况及时与控制室联系，紧急情况及时按就地紧停按钮

续表

编号	作业步骤	危害因素	可能导致的后果	风险评价					控制措施
				L	E	C	D	风险程度	
三	停运操作								
1	设备停运	（1）转动部分上有异物； （2）转动部分上有人工作； （3）关联系统有人工作未隔离； （4）设备转动部分惰走异常	（1）机械伤害； （2）扬尘伤害	1	1	15	15	1	（1）按设备停运前检查卡进行检查； （2）不得触摸旋转或移动部位； （3）严禁在转动设备的靠背轮罩上行走、站立、跨越； （4）操作时看清平台结构，防止滑倒、绊倒或坠落； （5）转动设备停运时合理站位，站在转动设备轴向，禁止站在管道、栏杆、靠背轮罩壳上，避免部件故障伤人； （6）及时清除地面冰雪； （7）出现异常情况及时与控制室联系，紧急情况及时按就地紧停按钮
2	设备静止检查	设备误停运	（1）触电； （2）机械伤害	1	10	15	150	3	（1）进行外观检查时禁止触摸转动部分或移动部位； （2）加强与控制室联系，保持通信畅通； （3）熟悉紧急停运按钮位置
四	作业环境								
1	噪声环境	噪声污染	导致耳鸣	1	10	7	70	2	佩戴耳塞
2	粉尘环境	粉尘污染	导致呼吸道疾病	1	3	7	21	2	佩戴口罩

续表

编号	作业步骤	危害因素	可能导致的后果	风险评价					控制措施
				L	*E*	*C*	*D*	风险程度	
五	以往发生的事件								
1	启动中发生风机剧烈振动	风机壳体振动，烟道晃动	（1）风机损伤； （2）烟道撕裂	3	6	7	126	3	（1）及时按紧急停机按钮； （2）发生振动时工作人员应站在转动机械叶轮的侧面

48 装载车作业

主要作业风险： （1）车辆造成作业区域周围其他人员伤害； （2）车辆损坏； （3）车上物资掉落造成人员伤害和物资损坏	控制措施： （1）特种车辆操作人员必须持证上岗； （2）车辆在作业前必须按规定对车辆进行检查并做好记录； （3）作业时要保持设备和人员的安全距离； （4）作业时现场有专人监护、指挥

编号	作业步骤	危害因素	可能导致的后果	风险评价					控制措施
				L	*E*	*C*	*D*	风险程度	
一	出车准备								
1	按规定检查车辆，做好车辆记录	（1）车辆带病作业； （2）制动故障，车辆刹车不灵； （3）灯光故障，转向、刹车无法正确指示	（1）车辆损坏； （2）人身伤害	3	3	15	135	3	车辆启动前按规定检查车辆并做好记录
二	装载车作业								
1	厂区道路行驶	（1）车速过快； （2）车辆故障； （3）扬尘； （4）未按规定路线行驶； （5）驾驶员操作失误	（1）车辆伤害； （2）作业环境危害； （3）道路设施损坏	3	6	15	270	4	（1）严格限速、限路线行驶； （2）严格按车辆管理规定执行； （3）定期检查保养
2	装运物资	（1）物资摆放不平衡； （2）物资超出装载车限载量； （3）驾驶不平稳	（1）物资掉落损坏； （2）车辆损坏； （3）人身伤害	3	3	15	135	3	（1）物资摆放平衡，不超限，超高，超重； （2）专人进行指挥，监督； （3）遵守厂区车辆行驶规定

续表

编号	作业步骤	危害因素	可能导致的后果	风险评价					控制措施
				L	*E*	*C*	*D*	风险程度	
三	作业环境								
1	多车交会	（1）视线不清； （2）互相抢道	车辆伤害	3	10	1	30	2	严格执行操作规程
2	恶劣天气（大雾、大雨、台风）驾驶	（1）视线不清； （2）车辆故障	车辆伤害	3	1	15	45	2	（1）台风季节停止作业； （2）定期检查车况； （3）限速行驶

49 综合码头门机检修

主要作业风险： (1) 动火作业气割、气焊造成火灾、化学爆炸和其他人身伤害； (2) 起重伤害； (3) 中毒与窒息； (4) 机械伤害； (5) 物体打击	控制措施： (1) 办理工作票； (2) 吊装前检查吊装器具、禁止站在吊件下； (3) 如动火需开动火工作票、使用阻燃垫布、专人监护

编号	作业步骤	危害因素	可能导致的后果	风险评价					控制措施
				L	*E*	*C*	*D*	风险程度	
一	检修前准备								
1	办理工作票	(1) 无票作业； (2) 安全措施未执行	(1) 人身伤害； (2) 设备事故	3	2	15	90	3	(1) 办理工作票，确认执行安全措施； (2) 双人共同确认检修设备隔离、挂警示牌
2	临时用电	(1) 电源、电压等级和接线方式不符要求； (2) 负荷过载	(1) 触电； (2) 火灾	3	2	15	90	3	(1) 检查电源； (2) 验电
3	准备工器具/材料	工器具选择不当	物体打击	1	2	7	14	1	(1) 选择合适的操作工器具； (2) 检查所用的工具必须完好； (3) 正确使用工器具
4	布置场地	(1) 工具摆放凌乱； (2) 场地选择不当； (3) 场地条件不足（照明等）	(1) 人身伤害； (2) 影响人员通行	3	2	7	42	2	(1) 严格执行定置管理要求； (2) 进场前进行确认检查； (3) 正确使用工器具

续表

编号	作业步骤	危害因素	可能导致的后果	风险评价					控制措施
				L	*E*	*C*	*D*	风险程度	
5	动火作业（气割、气焊）	（1）附近有易燃易爆气体或易燃物； （2）气管老化、漏气、打结，无氧气减压器和乙炔回火阀； （3）气管与钢瓶接口没有固定； （4）气体钢瓶没有固定； （5）乙炔气瓶与氧气钢瓶距离太近； （6）割渣飞溅，没有使用阻燃垫； （7）没有穿戴或使用不合适的工作服、防护鞋、防护眼镜和面罩等； （8）交叉作业或登高作业	（1）火灾； （2）化学爆炸； （3）人身伤害	3	2	15	90	3	（1）办理动火作业票，执行安全措施，监护人到位； （2）作业人员必须参加动火作业培训； （3）检查气管有无破损，使用氧气减压器和乙炔回火阀； （4）氧气瓶、乙炔瓶垂直放置并固定，距离不小于8m； （5）做好防火隔离措施，如使用阻燃垫和警示标识，准备灭火器等； （6）穿戴合适的工作服、防护鞋、防护眼镜、面罩和安全带等； （7）交叉作业及时沟通和设置警示
6	准备起重设备	（1）吊钩和卡扣损坏引起葫芦脱扣砸人； （2）手拉葫芦、钢丝绳断裂； （3）起吊物重心不稳或绑扎不当； （4）物件过重超载	（1）起重伤害； （2）其他人身伤害	3	1	15	45	2	（1）使用前检查手拉葫芦、钢丝绳吊扣等； （2）戴防护手套、安全帽； （3）吊物必须捆绑牢固，保持重心稳定； （4）设专人指挥起吊，避免吊物下站人； （5）设置隔离措施

续表

<table>
<tr><th rowspan="2">编号</th><th rowspan="2">作业步骤</th><th rowspan="2">危害因素</th><th rowspan="2">可能导致的后果</th><th colspan="5">风险评价</th><th rowspan="2">控制措施</th></tr>
<tr><th>L</th><th>E</th><th>C</th><th>D</th><th>风险程度</th></tr>
<tr><td>二</td><td colspan="3">检修</td><td></td><td></td><td></td><td></td><td></td><td></td></tr>
<tr><td>1</td><td>大车行走减速箱检修</td><td>因标记不清造成安装错误，引起设备损坏</td><td>机械伤害</td><td>3</td><td>1</td><td>15</td><td>45</td><td>2</td><td>（1）检查核实；
（2）做好相应标识记号</td></tr>
<tr><td>2</td><td>使用葫芦起吊齿轮箱</td><td>（1）吊钩和卡扣损坏脱扣砸人；
（2）钢丝绳毛刺或断裂；
（3）手摇机构故障；
（4）起吊物重心不稳或绑扎不当；
（5）物件过重超载</td><td>（1）机械伤害；
（2）起重伤害</td><td>3</td><td>2</td><td>15</td><td>90</td><td>3</td><td>（1）使用前检查手摇机构、钢丝绳吊扣等；
（2）戴防护手套、安全帽；
（3）吊物必须捆绑牢固，保持重心稳定；
（4）设专人指挥起吊，避免吊物下站人；
（5）设置隔离措施</td></tr>
<tr><td>3</td><td>大车行走机构检修</td><td>因标记不清造成安装错误引起设备损坏</td><td>机械伤害</td><td>3</td><td>1</td><td>15</td><td>45</td><td>2</td><td>（1）检查核实；
（2）做好相应标识记号</td></tr>
<tr><td>4</td><td>大车行走主、从动轮检修</td><td>（1）起重操作不当；
（2）动火操作不规范，使用工具不当</td><td>（1）机械伤害；
（2）起重伤害；
（3）火灾</td><td>3</td><td>1</td><td>15</td><td>45</td><td>2</td><td>（1）使用前检查手摇机构、钢丝绳吊扣等；
（2）戴防护手套、安全帽；
（3）吊物必须捆绑牢固，保持重心稳定；
（4）设专人指挥起吊，避免吊物下站人；
（5）设置隔离措施；
（6）办理动火作业票，执行安全措施，监护人到位、准备灭火器、使用阻燃垫布；</td></tr>
</table>

续表

编号	作业步骤	危害因素	可能导致的后果	风险评价					控制措施
				L	*E*	*C*	*D*	风险程度	
4	大车行走主、从动轮检修	（1）起重操作不当； （2）动火操作不规范，使用工具不当	（1）机械伤害； （2）起重伤害； （3）火灾	3	1	15	45	2	（7）按电焊或气割作业规程作业； （8）穿防护鞋，戴手套； （9）使用专用工具
5	轨道清扫器、阻进器、缓冲器、锚定装置等轨道附件检查	（1）起重操作不当； （2）动火操作不规范； （3）使用工具不当； （4）设备滑脱伤脚	（1）机械伤害； （2）物体打击； （3）火灾； （4）起重伤害	3	1	15	45	2	（1）使用前检查手摇机构、钢丝绳吊扣等； （2）戴防护手套、安全帽； （3）吊物必须捆绑牢固，保持重心稳定； （4）设专人指挥起吊，避免吊物下站人； （5）设置隔离措施； （6）办理动火作业票，执行安全措施，监护人到位、准备灭火器、使用阻燃垫布； （7）按电焊或气割作业规程作业； （8）穿防护鞋，戴手套； （9）使用专用工具
6	大车行走平衡梁检查	（1）起重操作不当； （2）动火操作不规范； （3）使用工具不当； （4）设备滑脱伤脚	（1）机械伤害； （2）物体打击； （3）火灾； （4）起重伤害	3	1	15	45	2	（1）使用前检查手摇机构、钢丝绳吊扣等； （2）戴防护手套、安全帽； （3）吊物必须捆绑牢固，保持重心稳定；

续表

编号	作业步骤	危害因素	可能导致的后果	风险评价					控制措施
				L	*E*	*C*	*D*	风险程度	
6	大车行走平衡梁检查	(1) 起重操作不当； (2) 动火操作不规范； (3) 使用工具不当； (4) 设备滑脱伤脚	(1) 机械伤害； (2) 物体打击； (3) 火灾； (4) 起重伤害	3	1	15	45	2	(4) 设专人指挥起吊，避免吊物下站人； (5) 设置隔离措施； (6) 办理动火作业票，执行安全措施，监护人到位、准备灭火器、使用阻燃垫布； (7) 按电焊或气割作业规程作业； (8) 穿防护鞋，戴手套； (9) 使用专用工具
7	门机回转机构检查	因标记不清造成安装错误引起设备损坏	机械伤害	3	1	15	45	2	(1) 检查核实； (2) 做好相应标识记号
8	回转机构减速箱卸端盖	(1) 使用工具不当； (2) 端盖滑脱伤脚	(1) 物体打击； (2) 机械伤害	3	1	15	45	2	(1) 穿防护鞋，戴手套； (2) 使用专用工具
9	卸轴承	(1) 动火操作不规范； (2) 被高温轴承烫伤； (3) 使用工具不当	(1) 灼伤； (2) 火灾	3	1	7	21	2	(1) 穿防护鞋； (2) 戴阻燃布手套； (3) 准备灭火器、使用阻燃垫布； (4) 使用专用工具
10	清洗	(1) 接触有毒清洗剂； (2) 清洗剂易燃易爆	(1) 中毒； (2) 火灾	3	1	7	21	2	(1) 戴呼吸器； (2) 准备灭火器
11	回转机构平衡梁检查	(1) 起重操作不当； (2) 动火操作不规范； (3) 使用工具不当；	(1) 机械伤害； (2) 物体打击； (3) 火灾；	3	2	7	42	2	(1) 使用前检查手摇机构、钢丝绳吊扣等； (2) 戴防护手套、安全帽；

续表

编号	作业步骤	危害因素	可能导致的后果	风险评价					控制措施
				L	*E*	*C*	*D*	风险程度	
11	回转机构平衡梁检查	（4）设备滑脱伤脚	（4）起重伤害	3	2	7	42	2	（3）吊物必须捆绑牢固,保持重心稳定； （4）设专人指挥起吊,避免吊物下站人； （5）设置隔离措施； （6）办理动火作业票，执行安全措施，监护人到位、准备灭火器、使用阻燃垫布； （7）按电焊或气割作业规程作业； （8）穿防护鞋，戴手套； （9）使用专用工具
12	回转机构起吊齿轮	（1）起重操作不当； （2）使用工具不当； （3）设备滑脱伤脚	（1）起重伤害； （2）物体打击	3	2	15	90	3	（1）使用前检查手摇机构、钢丝绳吊扣等； （2）戴防护手套、安全帽； （3）吊物必须捆绑牢固，保持重心稳定； （4）设专人指挥起吊，避免吊物下站人； （5）设置隔离措施； （6）办理动火作业票，执行安全措施，监护人到位、准备灭火器、使用阻燃垫布； （7）按电焊或气割作业规程作业； （8）穿防护鞋，戴手套； （9）使用专用工具

续表

编号	作业步骤	危害因素	可能导致的后果	风险评价					控制措施
				L	E	C	D	风险程度	
13	提升、开闭机构检修	因标记不清造成安装错误，引起设备损坏	机械伤害	3	1	15	45	2	（1）检查核实； （2）做好相应标识记号
14	提升、开闭减速箱卸端盖	（1）使用工具不当； （2）端盖滑脱伤脚	（1）物体打击； （2）机械伤害	3	1	3	9	1	（1）穿防护鞋，戴手套； （2）使用专用工具
15	提升、开闭卷扬滚筒检修	（1）起重操作不当； （2）使用工具不当； （3）设备滑脱伤脚	（1）起重伤害； （2）物体打击	3	1	15	45	2	（1）使用前检查手摇机构、钢丝绳吊扣等； （2）戴防护手套、安全帽； （3）吊物必须捆绑牢固，保持重心稳定； （4）设专人指挥起吊，避免吊物下站人； （5）设置隔离措施； （6）穿防护鞋，戴手套； （7）使用专用工具
16	提升、开闭钢丝绳更换	（1）起重操作不当； （2）动火操作不当； （3）使用工具不当	（1）起重伤害； （2）物体打击	3	1	15	45	2	（1）使用前检查手摇机构、钢丝绳吊扣等； （2）戴防护手套、安全帽； （3）吊物必须捆绑牢固，保持重心稳定； （4）设专人指挥起吊，避免吊物下站人； （5）设置隔离措施；

续表

编号	作业步骤	危害因素	可能导致的后果	风险评价					控制措施
				L	*E*	*C*	*D*	风险程度	
16	提升、开闭钢丝绳更换	(1) 起重操作不当； (2) 动火操作不当； (3) 使用工具不当	(1) 起重伤害； (2) 物体打击	3	1	15	45	2	(6) 办理动火作业票，执行安全措施，监护人到位、准备灭火器、使用阻燃垫布； (7) 按电焊或气割作业规程作业； (8) 穿防护鞋，戴手套； (9) 使用专用工具
17	门机门斗检修	(1) 动火操作不规范； (2) 使用工具不当； (3) 设备滑脱伤脚	(1) 机械伤害； (2) 物体打击； (3) 火灾	3	2	7	42	2	(1) 办理动火作业票，执行安全措施，监护人到位、准备灭火器、使用阻燃垫布； (2) 按电焊或气割作业规程作业； (3) 穿防护鞋，戴手套； (4) 使用专用工具
18	门机上、下承梁、臂杆	(1) 搭设脚手架不合格； (2) 动火操作不规范； (3) 设备滑脱伤脚	(1) 设备故障； (2) 人身伤害； (3) 火灾	3	1	15	45	2	(1) 按标准搭设脚手架，验收合格后使用； (2) 脚手架牢固，能够承受其上人和物的重量； (3) 脚手架所用材料符合要求，无虫蛀和机械损伤； (4) 工作人员没有妨碍高处作业的病症；

续表

编号	作业步骤	危害因素	可能导致的后果	风险评价					控制措施
				L	E	C	D	风险程度	
18	门机上、下承梁、臂杆	(1) 搭设脚手架不合格； (2) 动火操作不规范； (3) 设备滑脱伤脚	(1) 设备故障； (2) 人身伤害； (3) 火灾	3	1	15	45	2	(5) 使用合格的安全带，且将安全带挂在腰部以上牢固的物件上； (6) 在高处改变作业位置时，安全带不能解除或采用双绳安全带； (7) 检修现场必须戴好安全帽并系紧帽带； (8) 作业现场上部有无落物的可能； (9) 办理动火作业票，执行安全措施，监护人到位、准备灭火器、使用阻燃垫布； (10) 按电焊或气割作业规程作业
19	门机随机皮带机架及托辊检修	(1) 动火操作不规范； (2) 起重操作不当； (3) 设备滑落伤人	(1) 触电； (2) 火灾； (3) 物体打击； (4) 机械伤害	3	1	7	21	2	(1) 使用前检查手摇机构、钢丝绳吊扣等； (2) 戴防护手套、安全帽； (3) 吊物必须捆绑牢固，保持重心稳定； (4) 设专人指挥起吊，避免吊物下站人； (5) 设置隔离措施； (6) 办理动火作业票，执行安全措施，监护人到位、准备灭火器、使用阻燃垫布； (7) 按电焊或气割作业规程作业

续表

编号	作业步骤	危害因素	可能导致的后果	风险评价					控制措施
				L	*E*	*C*	*D*	风险程度	
20	更换皮带	(1) 起重操作不当； (2) 使用胶接工具不当； (3) 设备滑落	(1) 起重伤害； (2) 人身伤害； (3) 触电； (4) 机械伤害	3	1	15	45	2	(1) 使用前检查手摇机构、钢丝绳吊扣等； (2) 戴防护手套、安全帽； (3) 吊物必须捆绑牢固，保持重心稳定； (4) 设专人指挥起吊，避免吊物下站人； (5) 设置隔离措施； (6) 硫化机检验合格
21	驱动装置检修	(1) 起重操作不当； (2) 操作不当设备滑落伤人； (3) 使用工具不当	(1) 起重伤害； (2) 物体打击； (3) 机械伤害	3	2	15	45	2	(1) 使用前检查手摇机构、钢丝绳吊扣等； (2) 戴防护手套、安全帽； (3) 吊物必须捆绑牢固，保持重心稳定； (4) 设专人指挥起吊，避免吊物下站人； (5) 设置隔离措施； (6) 戴呼吸器； (7) 准备灭火器； (8) 使用专用工具
22	门机行走机构组装	(1) 起重操作不当； (2) 操作不当设备滑落伤人	(1) 起重伤害； (2) 物体打击； (3) 机械伤害	3	1	7	21	2	(1) 使用前检查手摇机构、钢丝绳吊扣等； (2) 戴防护手套、安全帽；

续表

编号	作业步骤	危害因素	可能导致的后果	风险评价					控制措施
				L	*E*	*C*	*D*	风险程度	
22	门机行走机构组装	(1) 起重操作不当； (2) 操作不当设备滑落伤人	(1) 起重伤害； (2) 物体打击； (3) 机械伤害	3	1	7	21	2	(3) 吊物必须捆绑牢固，保持重心稳定； (4) 设专人指挥起吊，避免吊物下站人； (5) 设置隔离措施； (6) 正确执行操作规章
23	门机回转机构组装	(1) 起重操作不当； (2) 操作不当设备滑落伤人	(1) 起重伤害； (2) 物体打击； (3) 机械伤害	3	1	15	45	2	(1) 使用前检查手摇机构、钢丝绳吊扣等； (2) 戴防护手套、安全帽； (3) 吊物必须捆绑牢固，保持重心稳定； (4) 设专人指挥起吊，避免吊物下站人； (5) 设置隔离措施； (6) 正确执行操作规章
24	提升、开闭机构组装	(1) 起重操作不当； (2) 操作不当设备滑落伤人	(1) 起重伤害； (2) 物体打击； (3) 机械伤害	3	1	15	45	2	(1) 使用前检查手摇机构、钢丝绳吊扣等； (2) 戴防护手套、安全帽； (3) 吊物必须捆绑牢固，保持重心稳定； (4) 正确执行操作规章

续表

编号	作业步骤	危害因素	可能导致的后果	风险评价					控制措施
				L	*E*	*C*	*D*	风险程度	
25	门机门斗就位	（1）起重作业； （2）落物伤人	（1）人身伤害； （2）设备损坏； （3）机械伤害	3	1	15	45	2	（1）使用前检查手摇机构、钢丝绳吊扣等； （2）戴防护手套、安全帽； （3）吊物必须捆绑牢固，保持重心稳定； （4）设专人指挥起吊，避免吊物下站人； （5）设置隔离措施
26	门机上、下承梁、臂杆恢复	（1）起重操作不当； （2）操作不当设备滑落	（1）起重伤害； （2）物体打击	3	1	15	45	2	（1）使用前检查手摇机构、钢丝绳吊扣等； （2）戴防护手套、安全帽； （3）吊物必须捆绑牢固，保持重心稳定； （4）正确操作检修规章
27	门机随机皮带恢复	（1）起重操作不当； （2）使用工具不当； （3）设备滑落	（1）起重伤害； （2）物体打击； （3）机械伤害	3	1	7	21	2	（1）使用前检查手摇机构、钢丝绳吊扣等； （2）戴防护手套、安全帽； （3）吊物必须捆绑牢固，保持重心稳定； （4）正确使用工具

续表

编号	作业步骤	危害因素	可能导致的后果	风险评价					控制措施
				L	*E*	*C*	*D*	风险程度	
三	完工恢复								
1	检修工作结束	(1) 遗漏工器具； (2) 现场遗留检修杂物； (3) 不拆除临时用电	(1) 触电； (2) 机械伤害	3	1	7	21	2	(1) 收齐检查工器具； (2) 清扫检修现场； (3) 拆除临时用电
2	门机试转	(1) 工作票未交给运行值班员； (2) 现场没专人监护	(1) 人身伤害； (2) 设备故障	3	1	40	120	3	(1) 押回工作票； (2) 现场有专人检查
四	作业环境								
1	噪声	旁边其他设备运行	职业危害	3	1	7	21	2	正确佩戴耳塞

50 组合式冷干机保养

<table>
<tr><td colspan="4">主要作业风险：
（1）灼烫，高温物体烫伤；
（2）未检查和测定系统压力就工作；
（3）人机工程危害</td><td colspan="6">控制措施：
（1）开工前，先办工作票；
（2）对管道手动门疏水阀门打开，进行卸压；
（3）工作前进行安全教育</td></tr>
<tr><td rowspan="2">编号</td><td rowspan="2">作业步骤</td><td rowspan="2">危害因素</td><td rowspan="2">可能导致的后果</td><td colspan="5">风险评价</td><td rowspan="2">控制措施</td></tr>
<tr><td>L</td><td>E</td><td>C</td><td>D</td><td>风险程度</td></tr>
<tr><td>一</td><td colspan="3">检修前准备</td><td></td><td></td><td></td><td></td><td></td><td></td></tr>
<tr><td>1</td><td>系统泄压</td><td>（1）未检查和测定系统压力就工作；
（2）系统未完全泄压导致气压外喷；
（3）放气管或管道局部堵塞</td><td>气压喷出致人身伤害</td><td>3</td><td>6</td><td>3</td><td>54</td><td>2</td><td>（1）办理工作票，确认执行安全措施；
（2）双人共同确认阀门、上锁、挂警示牌；
（3）测量和确认系统泄压至零；
（4）使用面罩和安全带等防护用品</td></tr>
<tr><td>2</td><td>检修设备前验电</td><td>（1）误判无电；
（2）使用错误或破损的验电设备；
（3）触及其他带电部位</td><td>（1）触电、电弧灼伤；
（2）火灾</td><td>3</td><td>3</td><td>7</td><td>63</td><td>2</td><td>（1）双人共同确认正确的电开关或设备位置；
（2）戴绝缘手套、面罩和穿绝缘鞋和防电弧服；
（3）按带电要求操作</td></tr>
<tr><td>3</td><td>切断水源</td><td>（1）关错阀门；
（2）阀门内漏或阀门未关到位；
（3）阀门位置位于受限空间或井孔内</td><td>（1）水喷出导致人身伤害；
（2）井孔坠落</td><td>3</td><td>3</td><td>7</td><td>63</td><td>2</td><td>（1）办理工作票，确认执行安全措施；
（2）提供良好通风；
（3）使用面罩和安全带等防护用品</td></tr>
</table>

续表

编号	作业步骤	危害因素	可能导致的后果	风险评价					控制措施
				L	*E*	*C*	*D*	风险程度	
二	检修过程								
1	登高作业	（1）搭设脚手架高处坠落； （2）在脚手架上或平台上作业； （3）交叉作业导致高处落物； （4）临边缺乏合适围栏； （5）防坠落保护使用不当； （6）在高处受保护区域外作业； （7）不使用或不正确使用安全带； （8）从梯子上滑落	（1）高处坠落； （2）其他人身伤害	3	3	7	63	2	（1）1.5m以上作业编写正确系挂安全带，4m以上脚手架作业应使用安全网； （2）制定高处作业方案； （3）设置隔离围栏和安全标识； （4）在没有安全带系挂场所设置水平或垂直安全绳； （5）交叉作业时必须做好上下层的沟通，设置安全警示，有坠落危险时，禁止下层作业； （6）脚手架验收合格并挂牌
2	手工搬运	（1）手工搬运方法或搬运姿势不当； （2）用力不当或蛮干； （3）物件过重，未使用工具或机具； （4）员工未经培训，缺乏经验	（1）人机工程伤害，如肌肉拉伤、腰部或背部肌肉损伤； （2）设备损坏	3	3	7	63	2	（1）进行手工搬运培训； （2）用正确姿势搬运； （3）提供适当搬运工具或其他工具

续表

编号	作业步骤	危害因素	可能导致的后果	风险评价					控制措施
				L	*E*	*C*	*D*	风险程度	
3	使用手动工具	(1) 手动工具如敲击工具锤头松脱、破损等； (2) 使用不合适工具，小工具准备不全或遗漏等	(1) 人身伤害； (2) 设备损坏	3	2	1	6	1	(1) 检查各类工具符合安全要求； (2) 检查锤头与锤柄连接牢固； (3) 使用工具包
4	动火作业	(1) 附近有易燃易爆气体或易燃物； (2) 气管老化、漏气、打结； (3) 无氧气减压器和乙炔回火阀； (4) 气管与钢瓶接口没有固定； (5) 气体钢瓶没有固定； (6) 乙炔气瓶与氧气钢瓶距离太近； (7) 没有使用阻燃垫； (8) 割渣飞溅，没有使用阻燃垫； (9) 没有穿戴或使用不合适的工作服、防护鞋、防护眼镜和面罩等； (10) 交叉作业或登高作业； (11) 动火后火星复燃	(1) 火灾； (2) 化学爆炸； (3) 人身伤害	3	6	7	126	3	(1) 办理动火作业票，执行安全措施，监护人到位； (2) 作业人员必须参加动火作业培训； (3) 检查气管有无破损，使用氧气减压器和乙炔回火阀； (4) 氧气瓶、乙炔瓶垂直放置并固定，距离不小于 8m； (5) 做好防火隔离措施，如使用阻燃垫和警示标识、准备灭火器等； (6) 穿戴合适工作服、防护鞋、防护眼镜、面罩和安全带等； (7) 交叉作业及时沟通和设置警示； (8) 动火完成后看护

续表

编号	作业步骤	危害因素	可能导致的后果	风险评价					控制措施
				L	E	C	D	风险程度	
5	打开管线、法兰等	(1) 未切断或局部积压高压气流泄出; (2) 未切断或局部积压高压水流泄出; (3) 作业人员处于积压高压气流和水流喷出位置; (4) 未使用防护面罩等劳动防护用品; (5) 使用不合适工具或方法,如撬棒、气割等; (6) 高处作业无合适平台、脚手架,不戴或未正确系安全带; (7) 管线吊装等	(1) 灼烫; (2) 高处坠落; (3) 其他人身伤害	1	6	7	42	2	(1) 办理工作票和特殊作业票,执行安全措施,监护人到位; (2) 作业人员必须参加管线打开培训; (3) 双人共同确认阀门、上锁、挂警示牌; (4) 测量和确认系统泄压至零; (5) 做好现场安全隔离措施,如为登高作业应检查平台、脚手架和防护围栏是否符合要求; (6) 穿戴合适工作服、防护鞋、防护面罩和安全带等; (7) 管线打开松螺栓时应由远到近,避免面对管内物质可能喷出的位置; (8) 对丝扣连接,打开时先松开1~2丝,确认无残余压力和残液泄漏后,再小心分离; (9) 管线吊装必须符合吊装作业要求
三	完工恢复								
1	结束工作	(1) 遗漏工器具; (2) 现场遗留检修杂物; (3) 不拆除临时用电; (4) 不结束工作票	(1) 触电; (2) 人身伤害	1	3	1	3	1	(1) 收齐检查工器具; (2) 清扫检修现场; (3) 拆除临时用电; (4) 结束工作票

续表

编号	作业步骤	危害因素	可能导致的后果	风险评价					控制措施
				L	*E*	*C*	*D*	风险程度	
四	作业环境								
1	暴露在高噪声环境下作业	（1）发电厂运行风机、压缩机、高压气流引起噪声或缺乏维护； （2）员工没有佩戴合适听力防护用品如耳塞、耳罩等； （3）听力防护用品使用不当	职业危害，如听力下降、致聋	1	6	3	18	1	（1）采取控制噪声措施，加强日常维护； （2）佩戴耳塞，在特高噪声区使用耳罩； （3）定期进行噪声监测； （4）对员工进行听力基础及比较测试
五	以往发生的事件								
1	蝶阀故障	（1）蝶阀卡死； （2）汽缸坏	母管压力下降	1	3	3	9	1	定时更换和清洗蝶阀

51 组合式冷干机检修

主要作业风险：	控制措施：
（1）灼烫，高温物体烫伤； （2）未检查和测定系统压力就工作； （3）人机工程危害	（1）开工前，先办工作票； （2）对管道手动门疏水阀门打开，进行卸压； （3）工作前进行安全教育

编号	作业步骤	危害因素	可能导致的后果	风险评价					控制措施
				L	*E*	*C*	*D*	风险程度	
一	检修前准备								
1	系统泄压	（1）未检查和测定系统压力就工作； （2）系统未完全泄压导致气流外喷； （3）放气管或管道局部堵塞	气压喷出致人身伤害	3	6	3	54	2	（1）办理工作票，确认执行安全措施； （2）双人共同确认阀门、上锁、挂警示牌； （3）测量和确认系统泄压至零； （4）使用面罩和安全带等防护用品
2	检修设备前验电	（1）误判无电； （2）使用错误或破损的验电设备； （3）触及其他带电部位	（1）触电、电弧灼伤； （2）火灾	3	3	7	63	2	（1）双人共同确认正确的电开关或设备位置； （2）戴绝缘手套、面罩和穿绝缘鞋和防电弧服； （3）按带电要求操作
3	切断水源	（1）关错阀门； （2）阀门内漏或阀门未关到位； （3）阀门位置位于受限空间或井孔内	（1）水喷出导致人身伤害； （2）井孔坠落	3	3	7	63	2	（1）办理工作票，确认执行安全措施； （2）提供良好通风； （3）使用面罩和安全带等防护用品

续表

编号	作业步骤	危害因素	可能导致的后果	风险评价					控制措施
				L	*E*	*C*	*D*	风险程度	
二	检修								
1	登高作业	（1）搭设脚手架高处坠落； （2）在脚手架上或平台上作业； （3）交叉作业导致高处落物； （4）临边缺乏合适围栏； （5）防坠落保护使用不当； （6）在高处受保护区域外作业； （7）不使用或不正确使用安全带； （8）从梯子上滑落	（1）高处坠落； （2）其他人身伤害	3	3	7	63	2	（1）1.5m以上作业必须正确系挂安全带，4m以上脚手架作业应使用安全网； （2）制定高处作业方案； （3）设置隔离围栏和安全标识； （4）在没有安全带系挂场所设置水平或垂直安全绳； （5）交叉作业时必须做好上下层的沟通，设置安全警示，有坠落危险时，禁止下层作业； （6）脚手架验收合格并挂牌
2	手工搬运	（1）手工搬运方法或搬运姿势不当； （2）用力不当或蛮干； （3）物件过重，未使用工具或机具； （4）员工未经培训，缺乏经验	（1）人机工程伤害，如肌肉拉伤、腰部或背部肌肉损伤； （2）设备损坏	3	3	7	63	2	（1）进行手工搬运培训； （2）用正确姿势搬运； （3）提供适当搬运工具或其他工具

续表

编号	作业步骤	危害因素	可能导致的后果	风险评价					控制措施
				L	*E*	*C*	*D*	风险程度	
3	使用手动工具	(1) 手动工具如敲击工具锤头松脱、破损等； (2) 使用不合适工具，小工具准备不全或遗漏等	(1) 人身伤害； (2) 设备损坏	3	2	1	6	1	(1) 检查各类工具符合安全要求； (2) 检查锤头与锤柄连接牢固； (3) 使用工具包
4	动火作业	(1) 附近有易燃易爆气体或易燃物； (2) 气管老化、漏气、打结； (3) 无氧气减压器和乙炔回火阀； (4) 气管与钢瓶接口没有固定； (5) 气体钢瓶没有固定； (6) 乙炔气瓶与氧气钢瓶距离太近； (7) 没有使用阻燃垫； (8) 割渣飞溅，没有使用阻燃垫； (9) 没有穿戴或使用不合适的工作服、防护鞋、防护眼镜和面罩等； (10) 交叉作业或登高作业； (11) 动火后火星复燃	(1) 火灾； (2) 化学爆炸； (3) 人身伤害	3	6	7	126	3	(1) 办理动火作业票，执行安全措施，监护人到位； (2) 作业人员必须参加动火作业培训； (3) 检查气管有无破损，使用氧气减压器和乙炔回火阀； (4) 氧气瓶、乙炔瓶垂直放置并固定，距离不小于 8m； (5) 做好防火隔离措施，如使用阻燃垫和警示标识，准备灭火器等； (6) 穿戴合适的工作服、防护鞋、防护眼镜、面罩和安全带等； (7) 交叉作业及时沟通和设置警示； (8) 动火完成后看护

续表

编号	作业步骤	危害因素	可能导致的后果	风险评价					控制措施
				L	*E*	*C*	*D*	风险程度	
5	打开管线、法兰等	（1）未切断或局部积压高压气流泄出； （2）未切断或局部积压高压水流泄出； （3）作业人员处于积压高压气流和水流喷出位置； （4）未使用防护面罩等劳动防护用品； （5）使用不合适工具或方法，如撬棒、气割等； （6）高处作业无合适平台、脚手架，不戴或不正确系戴安全带； （7）管线吊装等	（1）灼烫； （2）高处坠落； （3）其他人身伤害	1	6	7	42	2	（1）办理工作票和特殊作业票，执行安全措施，监护人到位； （2）作业人员必须参加管线打开培训； （3）双人共同确认阀门、上锁、挂警示牌； （4）测量和确认系统泄压至零； （5）做好现场安全隔离措施，如为登高作业，应检查平台、脚手架和防护围栏是否符合要求； （6）穿戴合适的工作服、防护鞋、防护面罩和安全带等； （7）管线打开松螺栓时应由远到近，避免面对管内物质可能喷出的位置； （8）对丝扣连接，打开时先松开1～2丝，确认无残余压力和残液泄漏后，再小心分离； （9）管线吊装必须符合吊装作业要求
三	完工恢复								
1	结束工作	（1）遗漏工器具； （2）现场遗留检修杂物； （3）不拆除临时用电； （4）不结束工作票	（1）触电； （2）人身伤害	1	3	1	3	1	（1）收齐检查工器具； （2）清扫检修现场； （3）拆除临时用电； （4）结束工作票

续表

编号	作业步骤	危害因素	可能导致的后果	风险评价					控制措施
				L	*E*	*C*	*D*	风险程度	
四	作业环境								
1	暴露在高噪声环境下作业	(1) 发电厂运行风机、压缩机、高压气流引起噪声或缺乏维护； (2) 员工没有佩戴合适听力防护用品，如耳塞、耳罩等； (3) 听力防护用品使用不当	职业危害，如听力下降、致聋	1	6	3	18	1	(1) 采取控制噪声措施，加强日常维护； (2) 佩戴耳塞，在特高噪声区使用耳罩； (3) 定期进行噪声监测； (4) 对员工进行听力基础及比较测试
五	以往发生的事件								
1	蝶阀故障	(1) 蝶阀卡死； (2) 汽缸坏	母管压力下降	1	3	3	9	1	定时更换和清洗蝶阀

52 组合式冷干机疏水器检修

主要作业风险： （1）未检查和测定系统压力就工作； （2）人机工程危害	控制措施： （1）开工前，先办工作票； （2）对管道手动门疏水阀门打开，进行卸压； （3）工作前进行安全教育

编号	作业步骤	危害因素	可能导致的后果	风险评价					控制措施
				L	*E*	*C*	*D*	风险程度	
一	检修前准备								
1	系统泄压	（1）未检查和测定系统压力就工作； （2）系统未完全泄压导致气压外喷； （3）放气管或管道局部堵塞	气压喷出致人身伤害	3	6	3	54	2	（1）办理工作票，确认执行安全措施； （2）双人共同确认阀门、上锁、挂警示牌； （3）测量和确认系统泄压至零； （4）使用面罩和安全带等防护用品
2	检修设备前验电	（1）误判无电； （2）使用错误或破损的验电设备； （3）触及其他带电部位	（1）触电、电弧灼伤； （2）火灾	3	3	7	63	2	（1）双人共同确认正确的电开关或设备位置； （2）戴绝缘手套、面罩和穿绝缘鞋和防电弧服； （3）按带电要求操作
二	检修								
1	登高作业	（1）搭设脚手架高处坠落； （2）在脚手架上或平台上作业；	（1）高处坠落； （2）其他人身伤害	3	3	7	63	2	（1）1.5m以上作业编写正确系挂安全带，4m以上脚手架作业应使用安全网； （2）制定高处作业方案；

续表

编号	作业步骤	危害因素	可能导致的后果	风险评价					控制措施
				L	E	C	D	风险程度	
1	登高作业	(3) 交叉作业导致高处落物; (4) 临边缺乏合适围栏; (5) 防坠落保护使用不当; (6) 在高处受保护区域外作业; (7) 不使用或不正确使用安全带; (8) 从梯子上滑落	(1) 高处坠落; (2) 其他人身伤害	3	3	7	63	2	(3) 设置隔离围栏和安全标识; (4) 在没有安全带系挂场所设置水平或垂直安全绳; (5) 交叉作业时必须做好上下层的沟通，设置安全警示，有坠落危险时，禁止下层作业; (6) 脚手架验收合格并挂牌
2	手工搬运	(1) 手工搬运方法或搬运姿势不当; (2) 用力不当或蛮干; (3) 物件过重，未使用工具或机具; (4) 员工未经培训，缺乏经验	(1) 人机工程伤害，如肌肉拉伤、腰部或背部肌肉损伤; (2) 设备损坏	3	3	7	63	2	(1) 进行手工搬运培训; (2) 用正确姿势搬运; (3) 提供适当搬运工具或其他工具
3	使用手动工具	(1) 手动工具如敲击工具锤头松脱、破损等; (2) 使用不合适工具，小工具准备不全或遗漏等	(1) 人身伤害; (2) 设备损坏	3	2	1	6	1	(1) 检查各类工具符合安全要求; (2) 检查锤头与锤柄连接牢固; (3) 使用工具包

续表

编号	作业步骤	危害因素	可能导致的后果	风险评价					控制措施
				L	*E*	*C*	*D*	风险程度	
4	打开管线、法兰等	（1）未切断或局部积压高压气流泄出； （2）未切断或局部积压高压水流泄出； （3）作业人员处于积压高压气流和水流喷出位置； （4）未使用防护面罩等劳动防护用品； （5）使用不合适工具或方法如撬棒、气割等； （6）高处作业无合适平台、脚手架，不戴或不正确系戴安全带； （7）管线吊装等	（1）灼烫； （2）高处坠落； （3）其他人身伤害	1	6	7	42	2	（1）办理工作票和特殊作业票，执行安全措施，监护人到位； （2）作业人员必须参加管线打开培训； （3）双人共同确认阀门、上锁、挂警示牌； （4）测量和确认系统泄压至零； （5）做好现场安全隔离措施，如为登高作业应检查平台、脚手架和防护围栏是否符合要求； （6）穿戴合适的工作服、防护鞋、防护面罩和安全带等； （7）管线打开松螺栓时应由远到近，避免面对管内物质可能喷出的位置； （8）对丝扣连接，打开时先松开1～2丝，确认无残余压力和残液泄漏后，再小心分离； （9）管线吊装必须符合吊装作业要求
三	完工恢复								
1	结束工作	（1）遗漏工器具； （2）现场遗留检修杂物； （3）不拆除临时用电； （4）不结束工作票	（1）触电； （2）人身伤害	1	3	1	3	1	（1）收齐检查工器具； （2）清扫检修现场； （3）拆除临时用电； （4）结束工作票

续表

编号	作业步骤	危害因素	可能导致的后果	风险评价					控制措施
				L	*E*	*C*	*D*	风险程度	
四	作业环境								
1	暴露在高噪声环境下作业	（1）发电厂运行风机、压缩机、高压气流引起噪声或缺乏维护； （2）员工没有佩戴合适听力防护用品，如耳塞、耳罩等； （3）听力防护用品使用不当	职业危害，如听力下降、致聋	1	6	3	18	1	（1）采取控制噪声措施，加强日常维护； （2）佩戴耳塞，在特高噪声区使用耳罩； （3）定期进行噪声监测； （4）对员工进行听力基础及比较测试